教養就從
仔細觀察孩子開始

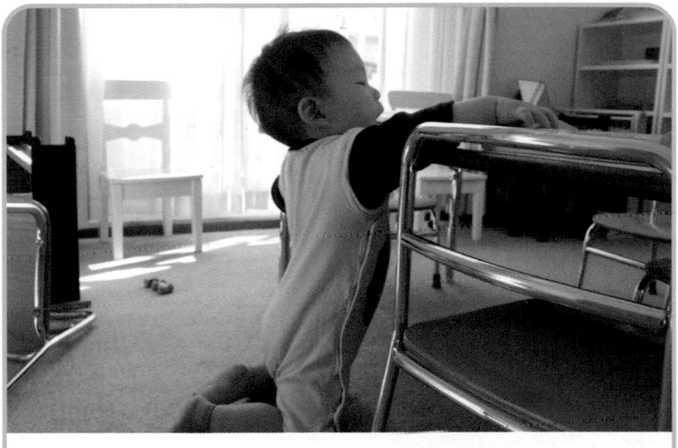

只要事先預習，連調皮都會
看起來討人喜歡♥

孩子專注時
是在培養真正的實力！

能讓寶寶停止哭泣
的神奇嬰兒墊

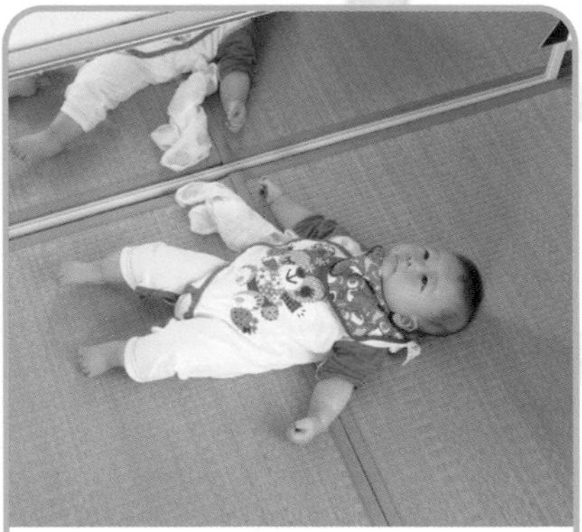

寶寶也正在用
莫里那吊飾練習聚焦

用針縫東西
也很受歡迎

轉一轉、壓一壓，好好玩

進入數字敏感期的孩子們

讓孩子將數量與數字確實配對

再大的數字也超喜歡！

「工作」時使用的教具！只要下工夫，手作也 OK ！

打開瓶蓋

以夾取物

轉陀螺也是工作

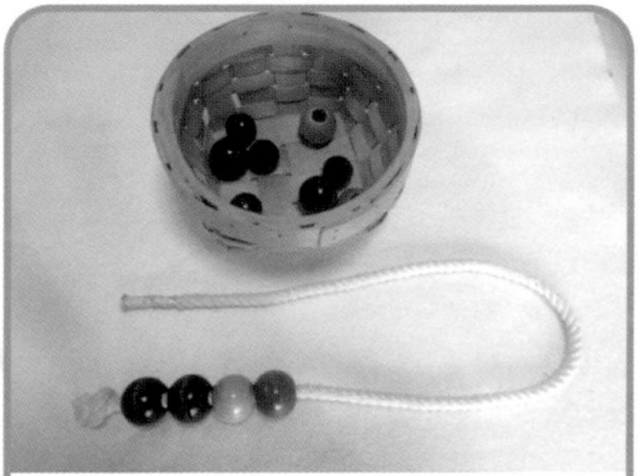

穿線串珠

愈變愈高

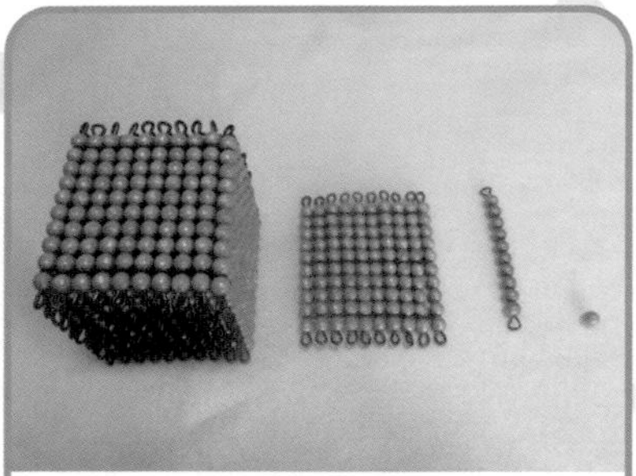

數量體驗

兒童發展四大階段

前期 3 歲 後期	**幼兒期** 0～6 歲 幼稚園	大幅成長、轉變的時期。幾乎所有敏感期都集中在此。可以 3 歲劃分成前期與後期。
	兒童期 6～12 歲 國小	穩定下來的時期。能夠儲存龐大的記憶。變成朋友優先的時期。
	青少年期 12～18 歲 國中・高中	身心都有極大轉變的不穩定時期。害怕和周遭格格不入。
	成人期 18～24 歲 大學	思考自己能對社會做出什麼貢獻。穩定成長。

何謂敏感期？

孩子對某項事物抱有強烈興趣，且會不斷重複同件事的特定時期。蒙特梭利教育裡將其稱為「敏感期」。

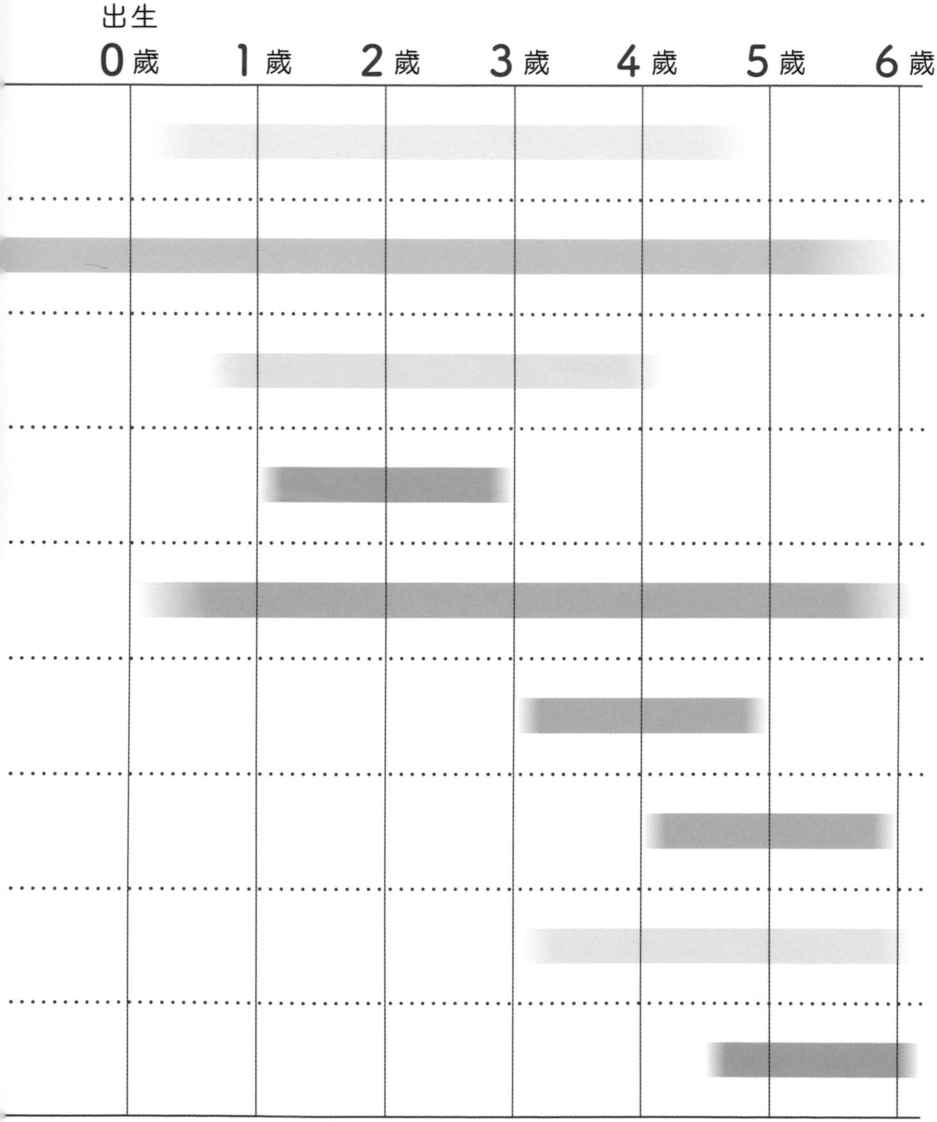

孩子的敏感期

	胎內
運動 掌握生活必需的運動能力	
語言 逐漸吸收母語	
秩序 強烈講究順序、地點、習慣等	
細微事物 仔細觀察細微事物	
感覺 精練五官的感覺	
書寫 不管什麼都想寫，比閱讀敏感期來得早	
閱讀 對閱讀完全樂在其中	
數字 不管什麼都想數，來得比較晚	
文化・禮儀 熟習自己生長的地區、吸收文化	

父母該先知道的成長循環

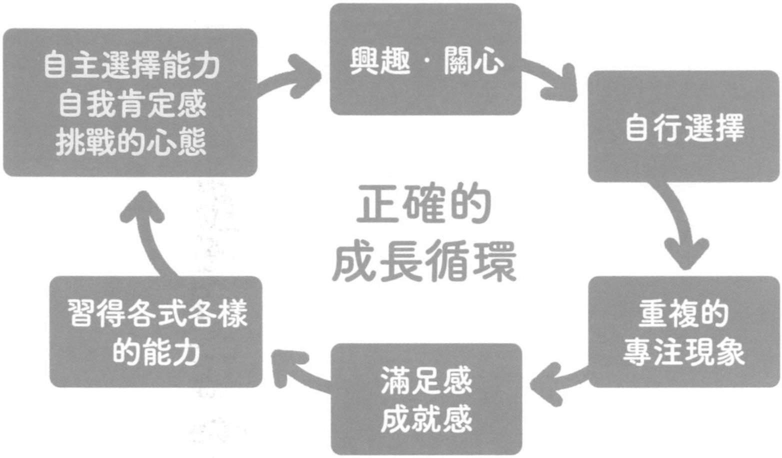
自主選擇能力
自我肯定感
挑戰的心態
興趣・關心
自行選擇
正確的
成長循環
重複的
專注現象
滿足感
成就感
習得各式各樣
的能力

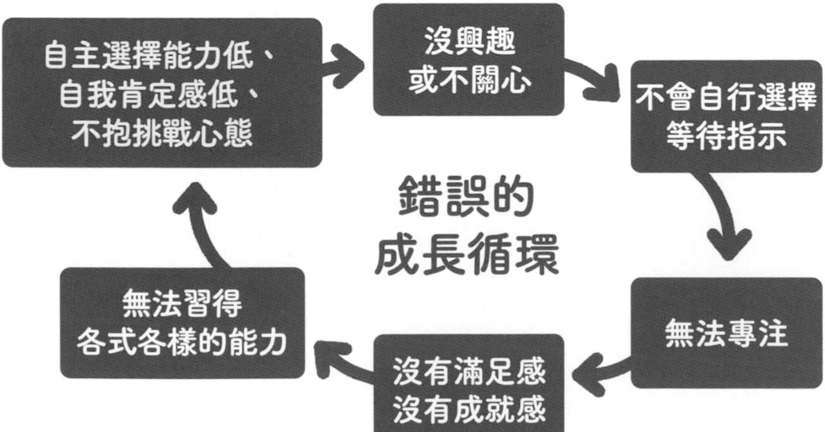
自主選擇能力低、
自我肯定感低、
不抱挑戰心態
沒興趣
或不關心
不會自行選擇
等待指示
錯誤的
成長循環
無法專注
沒有滿足感
沒有成就感
無法習得
各式各樣的能力

零歲開始蒙特梭利教育

從家庭落實的教養提案，
啟動孩子的真實天賦

藤崎達宏／著　　李友君／譯

前言——「預習教養之道」讓父母安心，孩子自在

我有個問題要請教各位。

「在孩子出生前，先做好這樣的準備吧」、「室內裝潢也要改成這樣喔！」、「孩子在幾歲幾個月會有這樣的成長！所以要麻煩家長注意這一點喔！」

各位在求學時有沒有上過這種課呢？

相信任誰都沒有上過吧。

但請各位想想看，從幾百年前開始，人類兒童的成長模式幾乎沒有什麼改變。

換句話說，就是能事前預知自家孩子在幾歲、幾個月會對什麼事情感興趣，會採取什麼行為、達到怎樣的成長。

以考試為例，就像是老師說「這裡考試會考喔」。這時就必須要「**預習**」才行。

而預習教養之道的不二法門就是「蒙特梭利教育」。

這裡要請各位注意一件事。**談到預習，我們的印象就是「早期教育」，趁著孩子還小時搶先填鴨知識。但其實應該反過來做。**

只要父母先「預習」孩子的成長，就能仔細觀察孩子成長的模樣，在喜悅之中從容做到充實的親子教養。說白一點，就是在適當時機對孩子實施因材施教的「適時教育」。

正文也會向各位介紹，蒙特梭利教育不只一般人曾接受，許多知名人士也受過這種教育。藤井聰太棋士的活躍表現猶歷歷在目，除此之外還有23頁將會介紹的微軟（Microsoft）創辦人比爾．蓋茲（Bill Gates），亞馬遜（Amazon）創辦人傑夫．貝佐斯（Jeff Bezos），臉書（Facebook）創辦人馬克．祖克柏（Mark Zuckerberg）等人，而這也是英國王室採用的教育方法。

第一次養育孩子，不管是誰都可能會無所適從。

許多爸爸媽媽經常找我商量這樣的問題：

「我家孩子總是靜不下來，喜歡到處亂跑。每次一以為他安靜下來了，就會發現他去把不該動的東西拉出來，就是愛調皮……我已經罵小孩罵到累了。」

不過，那真的只是在調皮嗎？

或許家長會忍不住斥責，但是請稍微忍耐一下，注意孩子表情和眼睛的動態。這樣一定就能集中火力解決那個問題。

只要父母先預習孩子在蒙特梭利教育下如何成長，就會恍然大悟，發現這就是所謂的「敏感期」。

後面將會詳述「敏感期」的相關知識，孩子在這段特殊時期會專注於一件事情上，讓各方面能力飛躍成長，是蒙特梭利教育的核心。

而在預習「敏感期」之後，就能知道如何在孩子專注的瞬間培養出孩子「真正的實力」。這麼一來，父母就可以有耐心地從旁守護了。

沒有做好「預習」的父母，會認為孩子單純在調皮，責罵及遏止他們的行為；有好好「預習」的父母，則能獲得教養知識，從旁守護，引導出孩子真正的實力……兩者的差別真是不可估量。

或許有人會說：「因為你是養過四個孩子的老手才做得到吧！」

沒有那回事！

其實我們夫婦倆都是再婚。之前的三個孩子跟我沒有血緣關係。沒多久我們倆的孩子也誕生了，要一次當四個小孩的父親，令我非常提心吊膽。

我想盡辦法努力，廣泛閱讀一百本以上的教養書籍、加以實踐，但完全是白忙一場。身為一位父親必須可靠才行！我非教不可！該怎麼做，孩子才會承認我這個父親呢？當時我總是像這樣逞強。

於是我就陷入了現在俗稱的「父親產後憂鬱症」（Paternity Blue）。

這時，我偶然拿起妻子書櫃上的一本書。那是蒙特梭利教育文庫，相良敦子老師所寫的《媽媽的「敏感期」》。上面寫道：「孩子有自行成長的能力，父母只需幫忙整頓環境就好！」

「整頓環境，提供支援」這點小事，應該連我這個沒有血緣關係的父親也能做到吧？簡直是茅塞頓開。後來我就開始放鬆心情，安心自在地教養孩子了。

我希望正在為教養孩子奮鬥的父母也能像我一樣「預習」，做到充實的親子教養，所以除了經營橫濱的沙龍之外，也在日本全國舉辦演講。

這本書會歸納出父母應熟練的預習重點，就算不懂蒙特梭利教育的人也能充分掌握其概要；就算孩子不去特殊的場所，也能從今天起立刻在家中派上用場。

「藉由預習教養之道讓父母安心，孩子自在。」

期盼這本書能夠幫助所有為教養孩子所苦的人。

那我們就開始吧！

藤崎達宏

目次

第4章 孩子會在「正確的成長循環」中日益成長！

～強悍與溫柔，學習活出人生的能力

第5章 孩子長大成人之前的家長預習
～人不管到幾歲都會持續成長！

編輯協力 吉度chiharu
內文插圖 momoro

第1章

蒙特梭利教育　超入門

～掌握要點讓孩子的真正實力突飛猛進！

1 蒙特梭利教育是什麼？

首先要預習的是「蒙特梭利教育」的相關知識。「超入門」的階段當中，要先充分掌握蒙特梭利教育的概要，知道**「何時，是誰，在哪裡，做了什麼」**。

❇ 這是什麼時候興起的教育方式？

蒙特梭利教育的創始人瑪麗亞．蒙特梭利（Maria Montessori）於一八七〇年出生在義大利。下一節將會說明，蒙特梭利教育始於一九〇七年誕生的「兒童之家」，或許會讓人覺得這是相當古老的教育方式。

為什麼如此古早的教育方式，至今世界上仍有許多人支持呢？就讓我們慢慢揭開其中的祕密吧。

❇ 瑪麗亞・蒙特梭利是什麼樣的人？

瑪麗亞・蒙特梭利是義大利第一位女醫師。

這位醫師的見解和其他教育方式有個最大的不同。大多數教育方式通常是從各種教養孩子的經驗累積而成。相形之下，蒙特梭利教育的特色，則是建立在醫學、生物學、心理學這些廣泛的學問基礎之上。

另外，我們也要稍微談談她的人格特質。當時義大利普遍認為醫師是男性的工作，身為女性的蒙特梭利，要當上醫師時遇到極大的困難。

她就連要進入醫學院都一波三折，是在進入別的學院之後，才轉系到醫學院。不過，雖然她轉了學，醫學院的女性卻只有一人。儘管也受到許多差別待遇，她卻擁有強烈的意志，比別人更想當醫師。後來就以大學第一名畢業證明自己的實力，獲得一連串的獎學金。

她還留下這樣一段話：「當時我毫無畏懼，覺得自己什麼都做得到。」

還有一種說法指出，她的容姿秀麗，當時知識階層的婦女喜歡男性化的打扮，相形之下蒙特梭利則偏愛優雅的裝束，那文質彬彬的模樣是孩子們的憧憬。

2 「兒童之家」是什麼？

蒙特梭利最大的功勞，就是於一九〇七年在義大利一個叫做聖洛倫佐的貧民區開設「兒童之家」。

以往的義大利社會一致認為：「小孩什麼都不會，只要聽從父母和老師說的話就夠了！」

比方說，隨便拿一個家具來看，就會發現全都是成人尺寸。即使孩子想要自己坐椅子也辦不到，只能被大人抱起來放在椅子上。

對此，蒙特梭利則直接提出不同的意見。

「孩子一生下來就樣樣都會。假如辦不到，就只是在物理環境上行不通，或是不曉得方法，不知道該怎麼做。」

她為了證明這一點，開設了「兒童之家」。「兒童之家」的**所有東西都是兒童尺寸**。椅子和書桌就不用說了，就連櫥櫃、廁所和其他盥洗設備，都會不容分說做成孩子可以自行使用的大小，簡直就是「將兒童當成主人公」的環境。

置身在這個新環境當中的孩童發揮**「真正的實力」**，開始興致勃勃地做自己的事情。那幅模樣為當時的人們帶來衝擊，據說來自世界各地的觀摩者源源不絕。

就如以上所言，蒙特梭利教育是：

相信孩子能以自己的力量培養自己的「自我教育能力」，藉由提供援助，提倡「自立」和「自律」的教育。

3 什麼樣的人受過這種教育？

受過這種蒙特梭利教育的都是什麼樣的人呢？

谷歌（Google）創辦人賴利．佩吉（Larry Page）和謝爾蓋．布林（Sergey Brin）。

亞馬遜創辦人傑夫．貝佐斯。

維基百科（Wikipedia）創辦人吉米．威爾斯（Jimmy Wales）。

微軟創辦人比爾．蓋茲。

臉書創辦人馬克．祖克柏。

管理學之父彼得．杜拉克（Peter Drucker）。

政界當中有巴拉克．歐巴馬（Barack Obama）和希拉蕊．柯林頓（Hillary Clinton）。

王室當中有英國王室的威廉王子（Prince William）、亨利王子（Prince Henry），以及威廉王子的長男喬治王子（Prince George）。

諸如此類，個個都是菁英分子。

就連《華爾街日報》都認為「現在美國開創性事業的成功人士共通點在於蒙特梭利」，稱這些人為「蒙特梭利幫」（Montessori Mafia）。

那麼日本又是如何呢？

以將棋連勝紀錄獲得矚目的藤井聰太棋士，他幼年時期接受的蒙特梭利教育法就因此備受關注。藤井棋士達成輝煌紀錄的真正原因是什麼？後面將會慢慢談到這一點（參照191頁）。

4 孩子能在哪裡接受蒙特梭利教育？

經常有人問我：「我也想讓自己的孩子接受培養出偉人的蒙特梭利教育，請問能在哪裡上到這種課程呢？」

接受蒙特梭利教育最理想的地方是「蒙特梭利兒童之家」，除此之外還有採用蒙特梭利教育的「幼稚園和托兒所」。

我也建議各位透過網路尋找從家裡就能去的園所，申請體驗課程。相信這樣一定可以發現自家孩子不同的面貌。

然而遺憾的是，這種機構的數量很少，預估頂多只有一千家，不到日本幼兒設施的2．5％。**剩下97．5％的孩子該怎麼辦呢？**

我希望這樣的家庭也能學習和實踐蒙特梭利教育，於是就把「在家就能蒙特梭利」當成目標，以沙龍的型態經營教育機構。

家長既可以讓孩子上一般的幼稚園，放學後再接受蒙特梭利教育，也可以去一般的托兒所，同時在每個週末單單進行一次教學。

儘管不是天天上課，也不會面面俱到，但在**父母預習教養之道**以後，就會懂得整頓家庭的環境，提升一定程度的功效。

5 關於教具和蒙特梭利教育

談到蒙特梭利教育，或許很多讀者會想到五彩繽紛的「教具」。

原本是伊塔（Itard）和塞根（Seguin）兩人為了智能障礙者製作的工具，後來啟發蒙特梭利做出健全者也能活用的「教具」。

第一次看到的人會覺得外型就只是「玩具」，但是玩具和教具有明顯的不同。164頁以後將會詳細說明，「玩具」可以隨意自由把玩，擁有各式各樣的使用目的。相形之下，「教具」則會區分兒童不同的成長階段，鎖定一個目標製作。從這點來看，教具跟玩具是涇渭分明的。

據說蒙特梭利整天都在思考該怎麼樣才能製作「教具」，讓孩子可以自行取用，開心地反覆操作、體會成長。

比方說，她就曾經煩惱過，要教還不會拿鉛筆的兒童寫字時，能不能讓他自己練習正確的筆順？

就在這個時候，蒙特梭利看見一個女孩屢次觸摸地面的沙子。她靈機一動，回家之後就拿出砂紙，用剪刀剪成文字的形狀，再貼在板子上。

隔天，蒙特梭利讓那個女孩看了那塊板子的使用方法後，她就露出如癡如醉的表情，屢次依照文字的筆順用手指觸摸。於是「砂字板」這項教具就誕生了。

像這樣為了幫助孩子的成長觀察兒童，多方嘗試到最後，蒙特梭利教具就成了今天的風貌。

因此，真正的教具帶有實用性，本身就很吸引人。只是價碼也會提高，一般的家庭難以採用。

不過，只要知道教具的條件，在家也可以做。這本書會預習孩子的成長，藉此培養觀察兒童的眼光，還能享受製作獨創教具的樂趣。

我的沙龍當中也有許多教具以均一價商店買得到的材料製成，具備類似教具展示間的功能，家裡也能照樣布置。

讓我們來看看教具的幾個條件：

①兒童尺寸。
②美觀而有吸引力，足以引發興趣。
③單純而目標明確。
④獨獨限定在一個困難的重點上。

⑤引導兒童邁向下個階段的成長。
⑥讓孩子能自行發現錯誤。

下一頁會介紹我們沙龍所使用的教具，請各位一定要動手做做看。

每種教具都各有目的

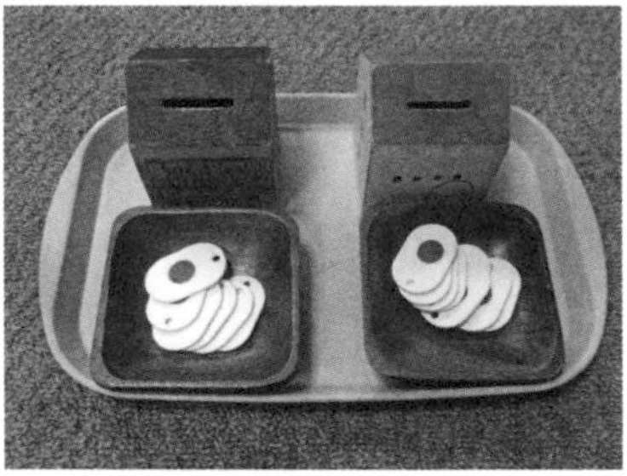

▲放牌子！

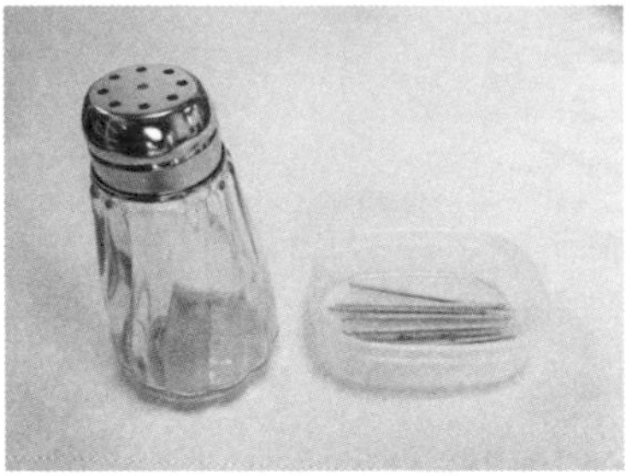

▲戳牙籤！

▲扣釦子！

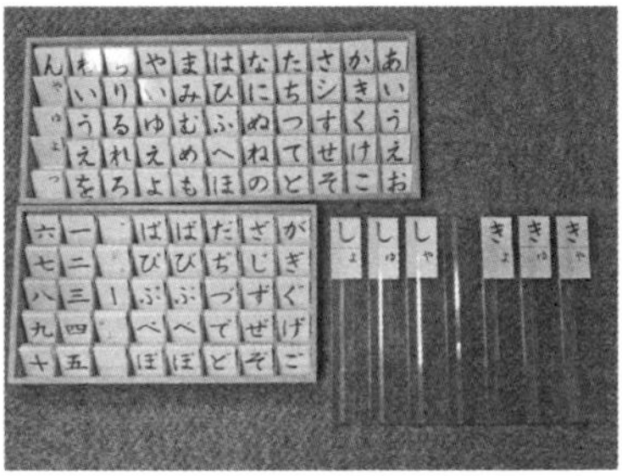

▲選符號！

▲描數字！

▲數數字！

第2章

兒童發展四大階段

～「孩子會轉變」這是預習的第一步

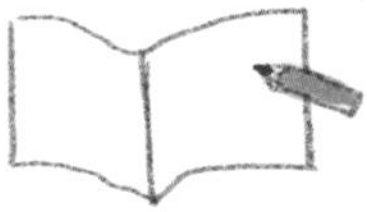

1 不可不知！「兒童發展四大階段」

想要出航來趟「教養」長期之旅的各位，首先要預習的內容是掌握孩子成長的概況。而最適合做這項預習的，就是蒙特梭利想到的「**兒童發展四大階段**」。

大人往往會認為「孩童是大人的縮小版，身體會隨著年齡經過等比例成長，內在心靈也會穩健成長」。不過，瑪麗亞·蒙特梭利是這樣說的：

「**孩子會隨著年齡增長大幅轉變**。就好比蝴蝶是卵生，蛻變成綠色毛毛蟲、化蛹，再羽化成美麗的蝴蝶。」

雖然當下難以置信，但若先預習這項觀念再開始教養孩子，就會變得相當輕鬆。接下來我們就來談談年齡層的劃分。

請看卷首彩頁的圖⑤。蒙特梭利將0歲到24歲長大成人前的二十四年劃分為四個時期，每個時期有六年，稱為「發展四大階段」。

發展四大階段分為0～6歲上小學之前的「幼兒期」，6～12歲唸小學時的「兒童期」，12～18歲唸國中和高中時的「青少年期」，以及18～24歲唸大學時的「成人期」。

值得注意的是發展時期的顏色標示，是橘色、藍色、橘色和藍色交錯排列。橘色期間的變化相當激烈，父母要特別注意！藍色期間會穩定成長，家長就算稍微放鬆點也沒關係。因此，如何突破橘色時期的難關，就成了教養航向的重點了。

✲ 0～6歲的幼兒期

日本也好、世界也好，主流的想法是認為孩童樣樣都不會，所以在上小學之前，會要孩子聽父母和老師的話；或是覺得進了小學再用功讀書，在那之前只要精神飽滿地在外面玩耍就好。

然而，蒙特梭利的想法完全不同。她表示：「0～6歲之間是最重要的時期，擁有往後漫長人生所需的80％能力。」因此，這是「發展四大階段」當中變化最劇烈的關鍵時期，標示為橘色。

關於幼兒期的知識將會在這本書當中說明。

✲ 6～12歲的兒童期

第二階段的兒童期就是上小學的時期。這段期間是藍色，孩子會順利穩健成長。所以，父母或許也可以稍微鬆口氣。這段美妙的期間「將有機會坐擁龐大的記憶，而且這時記得的東西終生難忘」，適合讓孩子經歷更多體驗。

✲ 12～18歲的青少年期

青少年期會再度標示為橘色，身心的變化都會很劇烈。這時身體開始成長，心靈卻反而處在危險的狀態，堪稱是「蛻了殼的螃蟹」。精神方面會傾向於重新審視自我，相當在乎別人怎麼看待自己，也會非常害怕跟周遭格格不入。

而在理想自我與現實自我的鴻溝間掙扎，這份動力就會走上歧途，發出家庭暴力、家裡蹲、霸凌和其他危險訊號。以青少年為中心的悲慘事件，多半涉及國中二、三年級的孩子，原因就在於此。

我也養過四個孩子，透過經驗得知這段期間實在很辛苦。遇到這種時候父母一定會認為：

「明明這孩子以前那麼乖……」

父母把自己的孩子視為小時候的延伸，沒有注意到他們內心正在變化。

「為什麼只有我家孩子不聽話？」

相信也有許多讀者會這樣想吧。不過孩子或多或少都必須經過青少年期才會長大成人。人人都是如此。

「到底會持續到什麼時候？」

無法理解孩子行為的苦惱家長愈來愈多。這本書當中將會屢次出現「○○期」這個詞，煩請各位先記得，「期」一定是有始有終。

❄ 18～24歲的成人期

進入這段時期會怎麼樣呢？顏色又變回藍的了。瀰漫在青少年期的烏雲竟然一掃而空，心情豁然開朗。意識朝向外界，衡量自己的將來和職業，憑一己之力能對社會有什麼貢獻，朝著長大成人的方向振翅高飛。

假如成人期是羽化成蝶的時期，或許青少年期就是蝶蛹的時期，需要有個人默默從旁守護。

也許各位的孩子年紀還小，但是孩子要經過這樣的變化才會長大成人，希望大家能夠「預習」這項觀念。

第3章

蒙特梭利教育的主軸在於「敏感期」

～引導出自家孩子真正實力的關鍵字

1 了解孩子目前狀態的「敏感期」

開頭也談到，以蒙特梭利教育預習教養之道時，有個重要的關鍵字是**「敏感期」**。

「敏感期」指的是孩子會在一段特定時期中對某項事物抱持強烈興趣，專心重複同樣的舉動。

其實「敏感期」並非蒙特梭利所發現的現象。

荷蘭生物學家德．弗里斯（Hugo de Vries）從人類以外的生物當中發現這個現象，提問這項概念能否應用於人類，於是蒙特梭利就實際應用在人類身上，確立理論基礎。

綠色毛毛蟲剛從卵裡孵化時下顎尚未發育，只能食用柔軟的葉片。但由於對光線「敏感」，具有向亮處前進的本能，所以會看準陽光強烈的樹上攀爬。樹上有許多綠色毛毛蟲可以吃的嫩葉。等到吃了嫩葉長大，連粗硬的葉片都吃得下的時候，對光線的敏感性就會消失。

從這個例子中也可以看出，生物為了獲得存活所需的能力，會在特定時間內對某樣東西特別「敏感」。而人類的幼兒期當中也有這個現象，蒙特梭利便將其命名為「敏感期」。

比方說，原本孩子看起來好像乖乖的，結果下一秒就從盒子裡使勁抽面紙出來。其實世界上所有這個年齡層的孩子都會這樣做。很不可思議對吧？

媽媽看到這一幕會說：「才剛覺得你很乖，竟然這麼調皮！」同時舉起面紙盒，放在手搆不到的櫃子上。接著小孩就會跺腳大哭。這也是世界各地一再上演的光景。

其實，1歲到3歲兒童的手部骨骼會隨著腕骨的發育而成形，變得能夠靈活使用三根指頭。想要使用剛發育好的手、想要練習到運用自如，受到這股強烈衝動驅使的時期就叫做「**運動敏感期**」。透過手眼並用，腦細胞會急遽活化，突觸（傳遞訊號給神經細胞的接合處）也會急速增加，是相當重要的時期。

與其認為孩子是單純調皮而拿走面紙盒，不如了解孩子行為的背景因素和重要性，讓他抽到心滿意足為止，這樣結果就會有一百八十度的不同。

前面提到的抽面紙也是如此，問題是孩子在運動敏感期的所做所為，看在父母眼裡就**「總覺得是在調皮」**。

除此之外，揹在背上看似乖順的小孩，下一秒就把電梯的按鈕全都亂按一通，或是不小心轉了音響的音量調整旋鈕，爆出轟然巨響！於是父母就忍不住罵人了。

然而，運動敏感期的孩童會受到強烈的衝動驅使，看到開關就會想要按開關，看到旋鈕就會想要轉旋鈕。

「記得你現在要用手指按下去」、「記得你現在要用手指轉東西」，孩子正在努力做完「**上天給他的功課**」，題目只有他知道。

還有，我們能夠輕鬆學好日文這項號稱世界上最難的語言，就是因為歷經了「敏感期」之一的「語言敏感期」。在孩子0～6歲時，**就可以看出他非常想要講話**。

反觀國中才開始學的英文，就算唸得再拼命，也往往有很多人還是學不好，原因就在於起步時語言敏感期早已結束。

能否引導出自家孩子真正的實力，取決於父母是否預習孩子的成長，**曉得「敏感期」來臨之後要採取什麼行動**。

每個孩子多少會有差異，但是蒙特梭利教育會事先傳授注意事項，讓家長知道自家孩子幾歲幾個月時會進入哪種敏感期、要採取什麼行動，以及到時該營造什麼樣的環境。

相信各位可以明白**蒙特梭利教育適合預習教養之道**的理由了。為了避免錯過「敏感期」，接下來將會介紹三個要預習的徵兆。

✲ 敏感期的徵兆①安靜

話雖如此，但為什麼孩子偏偏在調皮的時候靜悄悄？這是因為他「專注」於那件事情。

當兒童遇到「上天給他的功課」契合自己現在的成長時，就會專心做那項活動（蒙特梭利教育稱之為「工作」）。

採用蒙特梭利教育的幼稚園和托兒所通稱為蒙特梭利園。來到這裡觀摩的訪客，最訝異的就是孩子很安靜。幾十個孩子聚在一起滿腦子想要玩，卻完全沒有一個人大聲說話。他們在鴉雀無聲當中埋頭做各自的工作，專注的模樣征服了在場所有人。這絕不是因為挨了老師罵才乖。

假如孩子在活動時既專注又安靜，請各位把這當作敏感期的徵兆。

✲ 敏感期的徵兆②重複

第二個敏感期的徵兆是「**重複**」。當孩子遇到契合自己成長的工作時，就一定會重複多次。

比方說，孩子將死命拼湊完成的拼圖再翻過去從頭拼起……這是相當常見的光景。換作是大人，就會覺得好不容易拼好了，為什麼要再打散？

大人會享受拼圖拼到最後完成的充實感。但是，孩童會在過程當中感覺到自己的成長，為了自己的手能正確活動、將一片拼圖緊密嵌合而歡喜。所以比起完成的喜悅，孩子更會為了確認自己的成長而重複做相同的事，以便能夠操作得更正確。

將棋界的藤井棋士唸蒙特梭利園時，就曾經沉迷於「心型紙袋」的工作。他將紙條交錯穿插成紙袋，日復一日重複做下去，數量超過了一百個。後來這段故事就傳了開來。

假如自家孩子開始重複進行一項活動，就代表他進入了敏感期。請留意孩子擁有的真正實力成長茁壯的瞬間。

❇敏感期的徵兆③喜悅

為什麼孩子會在沙發上蹦蹦跳跳、保持平衡走在圍牆上，看起來那麼開心呢？當然，大人就不會那樣做。

那是因為該名孩童處在運動敏感期，正在做「上天給他的功課」——「你現在要提升保持平衡的能力！」

當功課順利完成後，「多巴胺」就會流入腦部中樞神經，讓孩子感受到難以形容的喜悅。而這份快感會驅使人重複做同樣的事情，以便能精益求精。

現在請各位回想一下。

還記得「期」是有始有終的嗎？敏感期也是「期」，所以會結束。

敏感期過了之後，多巴胺就不再分泌。因此，我們這些大人就不會在沙發上蹦蹦跳跳。

總而言之，多巴胺分泌後，做事時就會欣喜若狂。**想要克服接下來的人生，就需要趁這段期間獲得各式各樣的必備能力。**

✻ 敏感期的極致「專注現象」是什麼？

當孩子真正遇到自身成長所需的工作時，就會顯露出「**專注**」的模樣。

請看彩頁照片①（下）的女孩。這個孩子在做的工作很單純，是用鑷子夾住黑豆，再改放到旁邊的盤子裡。她在這四十四分鐘內重複進行這項作業。

女孩一心一意投入到工作當中，連一句話都沒說，周圍的人都開始吃便當了也沒發覺。她完成工作時露出的開朗笑容，我到現在都忘不了。蒙特梭利稱之為「**打從心底展現的笑容**」。

據說亞馬遜創辦人傑夫．貝佐斯在蒙特梭利園受教育的期間，就因為超乎常人的專注力，以至於完全沒注意到周圍發生的事情，就連移動到他處時也必須連人帶椅抬著走！這段時期的「專注現象」讓他真正的實力成長了。

就如彩頁圖⑥和圖⑦所示，五花八門的敏感期會在出現後逐漸消失，但是幾乎**都集中在「發展四大階段」的第一階段，0～6歲的幼兒期**。只要充實渡過每個敏感期，就會獲得人生所需的80％能力。

從下一節開始，我們會替所有敏感期歸納出關鍵字，預習0～6歲的教養之道。

五花八門的敏感期

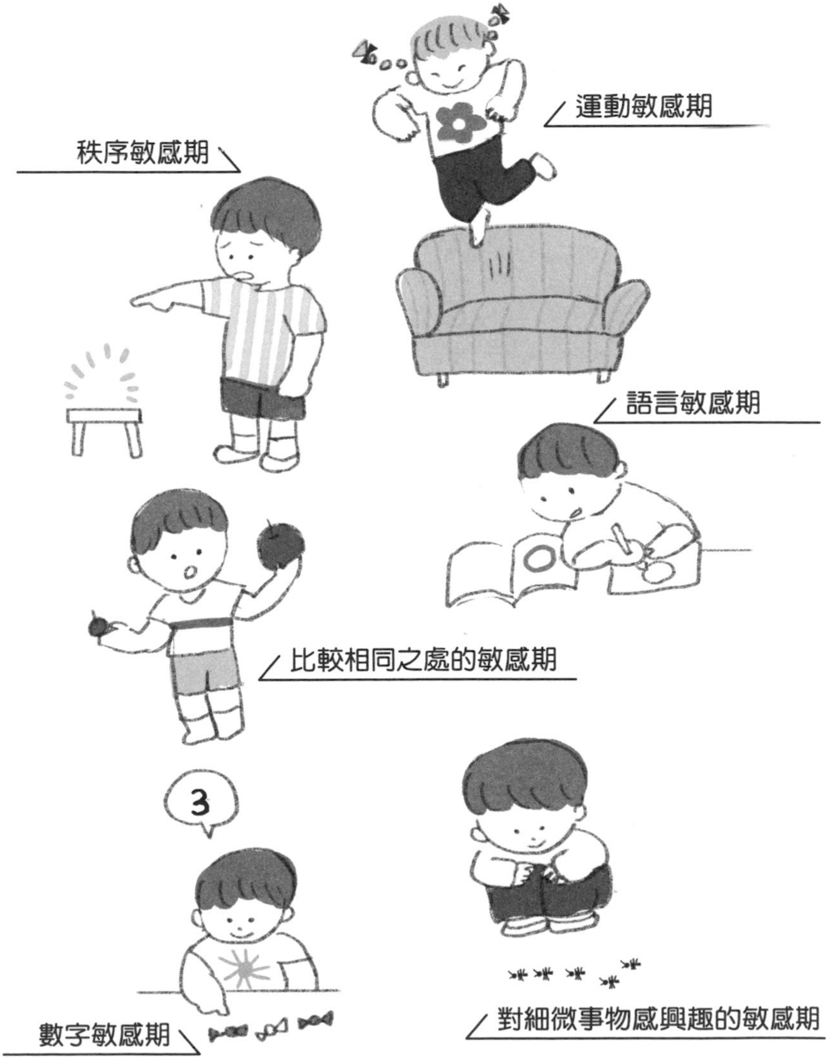
運動敏感期
秩序敏感期
語言敏感期
比較相同之處的敏感期
3
數字敏感期
對細微事物感興趣的敏感期

2 幼兒期的前期和後期天差地遠

現在請看一下彩頁圖⑤的「發展四大階段」，注意第一階段的幼兒期。各位有沒有發現什麼呢？沒錯，就是正中央畫了一條線。

蒙特梭利說：「0～3歲和3～6歲孩子的差別，就像上天在他們之間畫了一道紅線。」

3歲前和3歲後孩子的成長方式會大幅改變，幾乎所有父母在教養孩子時都不知道這一點。不過只要事先預習，就能在教養孩子時保有從容，無論發生什麼事，看到孩子的行為都會非常開心，也能消除教養當中的焦躁情緒。

❊第一個變化是「記憶的機制」

首先，0～3歲和3～6孩子的記憶方式就有很大的不同。

0～3歲之間具備的記憶力稱為「**無意識的記憶**」，無須努力記住和頑強意志就能迅速掌握一切，永誌不忘。

而過了3歲之後，就會慢慢過渡到「**有意識的記憶**」，跟我們這些大人一樣。

比方說，假設現在有一大批人坐在公園的長椅上，然後有人對我們說：「現在起給大家十分鐘，麻煩各位記住這座公園裡所有人的模樣。」

這下可麻煩了。我們要**有意識地**記住一件件事情，像是「那個人穿紅色的衣服，這個人戴著新奇的眼鏡」。

0～3歲兒童的記憶方式就完全不同。他會瞬間記住所有事物，就像替整座公園拍攝照片再存成圖檔一樣。這種限期使用的神奇力量，就稱為「**無意識的記憶**」。

大人跟幼兒玩翻牌記憶遊戲時經常輸得慘兮兮，就是因為他們又在運用無意識的記憶。

我們必須下意識記住之前翻過的牌面位置，他們在記憶時卻像是用照相機拍過，所以能夠輕而易舉地湊齊牌面再取走。

談到有意識和無意識，或許各位會認為無意識較為遜色，但就是因為有了無意識的記憶，才有我們現在的生活。

46頁也提到日文的例子。就連現在我們這些成年人，都說日文是世界上最難的語言。0～3歲時卻能在無意識間記住，不斷背進腦子裡，所以3歲時幾乎都可以講得很流利。

另外，我們這些大人沒有3歲以前的記憶，也是因為無意識。

俗話說：「3歲定終生。」

因此，這段期間最好讓孩子觀看各式各樣的事物，儘量要貨真價實。他會在無意識之間不斷吸收。

只不過有件事必須注意。既然是無意識，就不會「**判斷善惡**」。無論好壞都會不斷吸收。

所以，我們做父母的必須注意孩子所處的環境，用詞遣詞都要小心。

雖然幼兒記憶的方式不同，卻不會在過了3歲生日之後，突然取代成有意識的記憶。就如60頁的圖片所示，兩者所占的比例會逐漸改變，3歲時正好各居其半。

不曉得各位有沒有在電視上看過《我家寶貝大冒險》這個節目呢？節目的內容是要年紀剛好在3歲左右的兒童去買東西。媽媽會先交代：「今天要煮咖哩，你要到店裡買豬肉、馬鈴薯和紅蘿蔔回來喔！」起初不太願意去的孩子，最後也會答應下來，精神百倍地出門購物。但是在抵達商店之後，就記不得要買什麼。這是因為有意識的記憶還沒有充分發揮作用。以電腦來說，就是暫存記憶的**記憶體功能**尚未屬於自己。

要3歲小孩幫忙時也一樣。假如有好幾件事要拜託他，就要竭力表達讓孩子記住。只要父母預習兒童記憶方式的變化，就可以**抱著期待的喜悅**提高自家孩子的記憶體功能。

那麼，我們就把幼兒期分為前期和後期來探討吧。

發生在3歲兒童身上的記憶變化

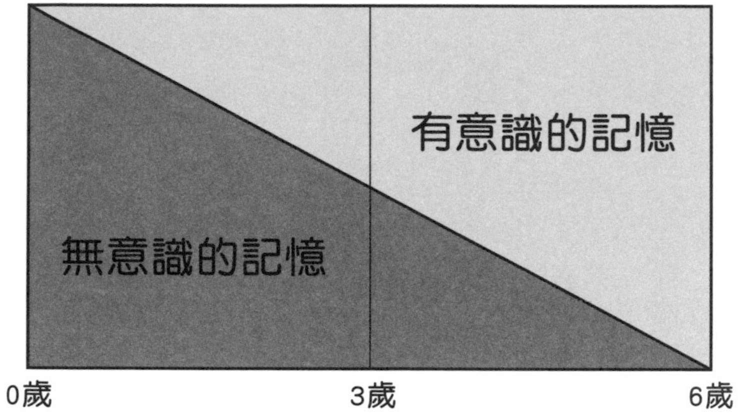

3

0～3歲

幼兒期前期要事先掌握的三大預習要點

現在來看看0～3歲幼兒期前期的預習要點。關鍵就只有下列三項：

之①行走
之②運用手指
之③聽得懂母語

人類的進化始於起身行走。然後是要能夠直立二足步行，進而完成更深遠的進化，也就是可以自由運用手指。藉由直立，原本筆直的食道彎成直角及拓寬，形成膨脹的空間叫做咽腔，最後就能自由出聲說話了。

依循行走、運用手指和出聲說話的進化過程，讓孩子充實渡過每一天，正是0～3歲的預習要點。

之①行走

從0歲開始進入運動敏感期的兒童，會歷經爬行、攀物站立和行走的階段，達到令人目不暇給的成長。

不過，這裡必須要注意的是，孩子並不是快點學會走路就好了。

俗話說「望子成龍，望女成鳳」，我非常了解各位的心情。不過，蒙特梭利是這樣說的：

「能否順利進入新階段，取決於之前的階段在結束前過得有多麼充實。」

做父母的要重視每個小步驟，切勿越級挑戰。

想要能夠走得穩，就要在那之前經常爬行。等到孩子進入行走敏感期，也就是行走時會無比開心的期間，就要讓他走很多路。一旦行走敏感期結束，走了路也不會再分泌多巴胺。

以前沒有嬰兒車，通常孩子會站就會讓他學走路。然而，現在有性能相當優異的娃娃車。有的爸爸也會引以為豪，認為「既然這樣，就推到6歲為止吧」。

不過，要是孩子對行走變得敏感、記得行走的喜悅，卻綁在娃娃車上，結果會怎樣呢？

當運動敏感期結束後，孩子就會非常懶得走路。分界點是在國小一年級。到了這個年紀，就只會有意識地記憶，跟我們這些大人一樣，思考時以效率和勞力為優先，就不會再走路了。

我的沙龍位在六樓，每位訪客蒞臨之際都會搭電梯上樓。不過在回去時，幾乎所有孩子都會說：「我想爬樓梯回去。」

這時父母會一臉為難（笑），說什麼「今天風很大」、「爸爸在下面等我們」，設法哄孩子搭電梯回去，但孩子就是不肯乖乖聽話。

我們這些大人在抉擇之前，會下意識思考哪種移動方式快、累不累、安不安全、有沒有效率。相形之下，這段期間的孩子則是——

「為走而走」。

人類只會在「運動敏感期」不惜使出全力，一生僅有一次。因為走路很痛苦而強迫孩子行走，跟孩子樂於走路，趁著還記得快感時主動行走，哪個才輕鬆呢？活用0～6歲的敏感期遠勝於其他方法。

行走還會為孩子帶來另一個意外的收穫。人類站立之後，就能自由運用雙手；能夠自由運用雙手之後，手部就會發達；手部發達之後，腦部就會發達。

許多人誤以為手指能夠自由活動是因為腦部發達，事實卻正好相反。

讓自家孩子頭腦變好的最佳途徑，就是牢牢遵循以下流程：走很多路、強健軀幹、挺直站好，這樣手指就能自由活動，腦部就會發達！

「敏感期」是絕佳的關鍵時期，錯過了就一輩子都找不回來。**施行早期教育填鴨知識就大錯特錯，走很多路才是要訣。**

之②運用手指

以往用每根手指抓東西的兒童，懂得改用拇指、食指和中指來抓，這從腦部發育來說是相當重要的成長。因為以三根手指抓物的動作會刺激腦部。

請看69頁的圖片。假如兒童腦部的神經細胞成長，神經迴路（神經網路）變得密集，腦部當中輸送訊號的傳導效率就會提高，形成所謂的「金頭腦」。

神經細胞以突觸為中介相互連結，形成複雜的神經迴路，但從圖中也可以看出，5歲之前突觸的密度會急速增加，到7歲之前迎向高峰，從10歲左右才開始減少（這正好跟敏感期一致！）。

輸入腦部的刺激若多，突觸就會強化；刺激若少，突觸就會衰弱。

因此，關鍵就在於趁著突觸密度增加的期間，給予腦部大量的刺激。

那麼，兒童的神經細胞在什麼時候最能活化呢？

那就是眼睛與手指連動進行動作的時候。

「三根手指就會有突出的頭腦。」就如蒙特梭利這句話所言，運用三根手指就會刺激腦部。因此，若要養出頭腦好的孩子，就要讓他常用手指。

我們再看一次彩頁①用鑷子的女孩。

然後請各位注意她的眼睛。眼神不錯對吧？

她的頭腦當中究竟發生了什麼事？

「啊，這裡有顆黑豆！」

「要不要用鑷子夾夾看？」

「手指要這樣動一下。」

就在這段工作的期間，肉眼看到的資訊會化為電流訊號，經由突觸，穿過像莖一樣伸長的神經纖維。

神經細胞被多達數百萬次的電流訊號穿過之後會變得更粗，受到髓鞘（覆蓋在神經細胞外的鞘）保護而提升傳導效率，電流訊號就不會再漏失了。

我們希望自己孩子能有的金頭腦，其真面目就在於此。

只要走很多路、挺直站好、運用手指，孩子的頭腦就會發生這麼美妙的現象。

神經細胞與突觸

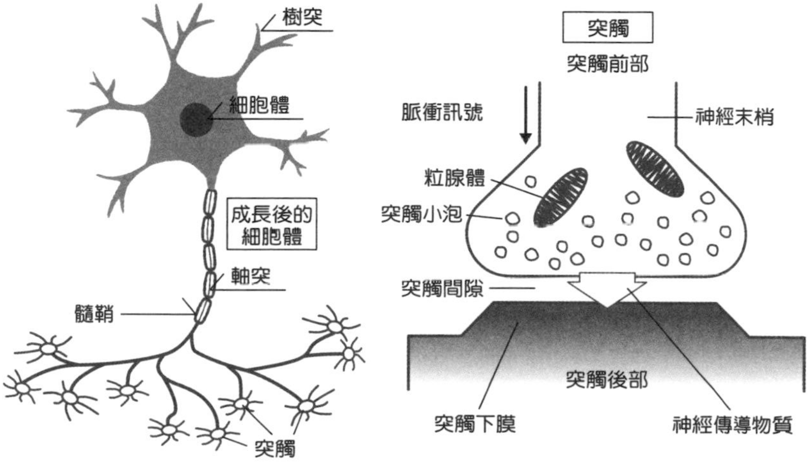

額葉聯合區突觸密度的發展變化

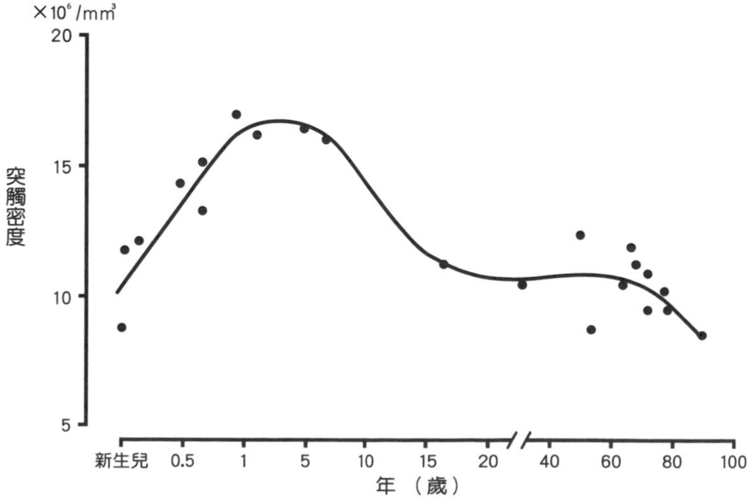

彼得．杭特羅切（Peter Huttenlocher）／〈人類額葉聯合區當中突觸密度的發展變化〉

之③聽得懂母語

正如雙親的母語是日文就會學到日文，媽媽或爸爸的母語是英文就會學到英文一樣，我們置身的環境自然就會讓人學到所需的語言。之所以能夠做到這一點，是因為0～3歲**無意識的記憶**。

任何一名孩童都會在不知不覺間懂得說那種語言，而不像進入國中剛學習英文時一樣，要辛辛苦苦用功學習。

其中位居要角的是「**語言敏感期**」。這段時期會對語言特別敏感，打從還在媽媽的腹中就已經開始，6歲左右就會逐漸消失。

0～3歲之前是無意識的記憶，肉眼看到的東西、耳朵聽來的資訊，會像往水桶裝水一樣輕而易舉地累積下來。

學習語言就類似於學習「**絕對音感**」。絕對音感要是沒在聽覺發達時的0～6歲前（聽覺敏感期）接受適當的訓練，就一輩子都學不會，語言也是一樣。

有的家長認為「反正小孩什麼都不懂，跟他講話也沒用」，於是就不對孩子說半句話。

另一方面，也有家長會預習語言敏感期，明白「這段時期孩子會無意識地記憶，能夠吸收任何資訊，要不斷跟他們說話」。前者和後者的做法，將會大幅拉開孩子語言能力的差距。

請各位一定要讓孩子沐浴在許多美妙的話語當中。還有一件事，請各位一定要讓孩子看到許多貨真價實的事物。

動物也是一樣，讓孩子看到真正的動物，以及讓孩子看見角色圖畫，對其感受力的影響也是天差地遠。只要遇到真正的動物，接觸濃密的毛髮和刺鼻的氣味，就會受五花八門的感覺所刺激。

許多爸爸媽媽會說：「我家孩子就是不太愛講話……」這時我會回答：「現在的孩子就像水桶一樣要儲水進去。您家小孩的水桶不是很大嗎？請讓他多裝一點吧。這樣水桶自然會滿出來，迎向語言爆發期喔！」

跟孩童說話時，要緊的是清晰正確而緩慢，**讓孩子看到嘴型**，同時鄭重其事地交談。我也建議大家讀繪本給孩子聽。

孩子擅於模仿，看到父母說話及其嘴巴的動作，就會逐漸記得正確的發音。

只不過，這段時期兒童的聲帶尚未發育，口腔周圍的肌肉也不發達，發音往往沒辦法很標準。

比方像有些個案中的兒童會把「椅子」講成「椅斯」。這時要是強行糾正，他就不會開開心心出聲說話了。假如孩子說了「椅斯」，我們就要回答「**沒錯，就是『椅子』**」，讓他能夠看清楚嘴型。

✲ 有效穩固語言基礎的三階段練習

想要讓孩子穩固語言基礎，就要把「蘋果」、「葡萄」和其他東西一個一個給他看，說明這是什麼。這樣看到的東西和名稱就會不斷吸收到孩子的腦袋裡。

這項準備階段是為了迎接不久的將來，屆時物品和名稱就會在孩子的腦中配對起來。

這時大人**往往會要求孩子馬上吐出答案**，忍不住詢問「這是什麼」，考考他是否記得住。

而若答不出來，家長就會糾正道：「都說了是蘋果了吧。蘋果、蘋果、蘋果。」這樣孩子也會感到厭煩。

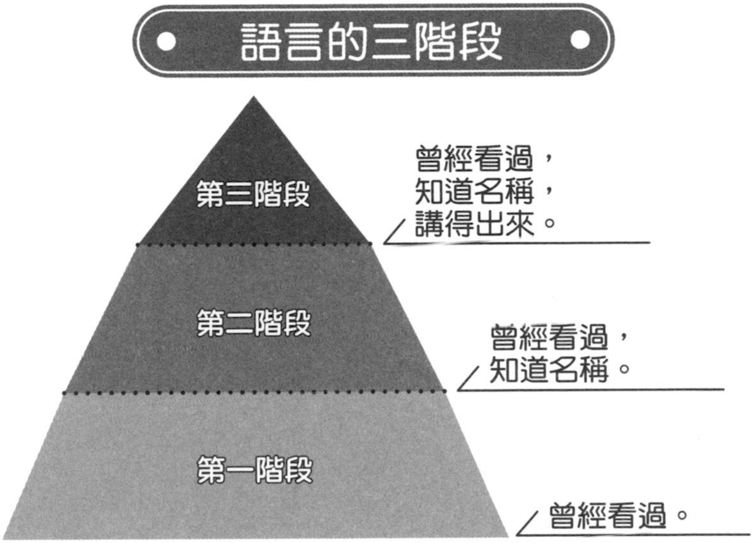
語言的三階段
第三階段
曾經看過，
知道名稱，
講得出來。
第二階段
曾經看過，
知道名稱。
第一階段
曾經看過。

請看上面圖片。最上方的迷你三角形部分，指的是我們這些「懂得說話」的大人。也就是能配對物品和名稱，而且能夠發音的第三階段。

然而對孩子來說，則會如這張圖所示，頂端只有一丁點大小。面積最大的還是圖片最下方的第一階段「**曾經看過卻不知道名稱**」。

而從這一點來看，大人最難察覺的是第二階段的「**曾經看過也知道名稱，卻不會發音**」。孩童的這個部分會非常龐大。

假如要問該怎麼讓孩子順利穩固語言基礎，答案就是問他「**蘋果是哪個**」。這時孩子會立刻指向蘋果，因為就算不會發音也認得出來。此外還可以對孩子說「**給我蘋果**」。接著他就會拿起蘋果，遞給父母了。

這是能提高孩子語言能力，又不傷害自尊心的方法。

我們在對話時要不慌不忙，等到覺得差不多沒問題了，再開始問：「這是什麼？」

假如孩子答得出「蘋果」，照理說他也會相當高興。

懂得什麼是語言三階段，不要馬上考孩子「這是什麼」，這也是關鍵的預習要點。

✼汪汪喵喵會說到什麼時候？

假如覺得家裡的孩子到了足歲還成長得很緩慢，對待他們的方式也會變得幼稚。尤其是做爸爸的！因為和孩子接觸的機會不多，總是把孩子當小寶寶看待。

兒童在開口說話的早期階段當中，會講出汪汪和喵喵之類的「幼兒語」。雖然聽起來相當可愛，讓為人父母者覺得這一瞬間很幸福；但若一直遷就下去，不只無法訓練到孩子的發音發聲功能，智力發展也會遲緩。

假如孩子長到3歲左右時說：「**爸爸（媽媽），ㄅㄨㄅㄨ來了。**」我們就要改口：「**對啊，車子來了喔。**」

父母也要記得配合孩子的成長，改變教育方針。

❊想讓孩子變成雙語人！英語該怎麼教？

現在這個時代不只要學母語，英語也很重要。那麼，要怎麼樣才會說英語呢？這也是最近特別常聽到的問題。

學習外文牽涉到「語言敏感期」和「聽覺敏感期」，兩者都會在6歲左右消失。假如想讓孩子精通英語，就要在那之前聽英文母語人士說英語，才會有效。

一旦過了這段時間，母語以外的語言就會被當成噪音排除，這是人腦具備的功能。

只要前往國外，行走在語言不通的國家當中，就會突然聽得懂了。日本人經常聽到日語，聽母語聽得很開心之後，其他語言就會變成雜音。

因為人腦附帶這項功能，所以學外語會相當辛苦。英語L和R的發音不同，要是沒有趁這段時間多聽，之後就很難判別了。

想把孩子培養成雙語人，果然還是得在0～6歲之間學習，但這不只是將日語和英語同時吸收進腦子裡就好。假如沒有替母語打下紮實的基礎，就會變成所謂的「大雜燴」，**母語學習力就會遲緩30％**（原書指母語為日語的情況）。我們也必須做好心理準備，剷除這項弊端。

另外，這段時間是孩子想要說母語的敏感期。好想說母語、好想說母語，實在想得不得了。所以，要是讓孩子置身在只能說英語的環境，往往會激發強烈的反彈，嫌這樣很麻煩；別說是英語，就連母語也不再說了。做父母的可不能養出雙語都是半吊子的「半語者」（semi-lingual）。

因此，我會提倡兒童從0歲起**一天聽英文母語人士說英語十五分鐘**，當作建議方案。聽歌也沒關係，儘量在固定的時間進行。

CD只有聲音，比DVD更能將神經集中在耳朵，適合用來學習。這時絕對不能貪心！既然處在聽覺敏感期，**就只需相信耳朵正在發育就好，請各位不要奢求孩子會口語**。

播放語音讓孩子專心聆聽，無意識的記憶一定會幫忙吸收資訊。

而若到了4歲以後，覺得「孩子的母語文法終於也打好基礎了」，就讓他開始學習英語，要求他講出來。

假如讓孩子去上只全英語的幼稚園或托兒所，英語就交給幼稚園或托兒所，在家要對孩子多講母語，刻意努力搭話。

「**請各位也要以教英語1．5倍的熱情，對孩子說母語。**」如此一來雙語都能精通，這就是孩子在這段期間的絕妙能力。

4 最難捉摸的「秩序敏感期」

0～4歲

我的沙龍裡一個總是由媽媽陪同來上課的2歲半孩子，某天換成和爸爸一起來；好不容易抵達之後，孩子竟然在大樓入口嚎啕大哭！搞得爸爸只有驚慌失措的份。類似這樣的事情經常發生。

那名孩童大哭的理由，就在於爸爸按了對講機。

或許家長會疑惑小孩怎麼為了這種事就要鬧脾氣，但是在那個孩子的心中想必是悲憤不已。「平常都是我在按的電鈴，竟然讓爸爸按走了」、「平常的秩序被打亂了」。這就是「**秩序敏感期**」。

於是我就勸阻想要回家的爸爸，說：「麻煩您讓孩子按他常按的電鈴。」結果那個孩子才剛按了電鈴，就若無其事地走向沙龍，爸爸卻還是一臉不解。不過，只要預習「秩序敏感期」，也就能明白孩子這樣的行動代表什麼了。

孩子懵懂無知地出生在這個世上，所以會用「建立秩序」的方式，理解世界的架構、地點、順序和其他萬物。

因此，**孩子會強烈執著於平常的做法、平常的地點、平常的順序和其他平常的事物，這就是「秩序敏感期」**。秩序敏感期從出生後就會馬上開始，2歲半～3歲為高峰，是父母最難理解的現象。

為什麼會那麼執著？因為目前的狀態跟自己記憶中的規則不同，讓人不舒服到了極點。

我們會以有意識的記憶記住事物，3歲之前則是以無意識的記憶來記住。

就宛如用照相機拍攝一樣，將整個影像烙印在腦子裡，所以光是昨天在右邊、今天在左邊，情況就會很嚴重。好不容易剛建立的秩序被打壞，孩子會非常難受，於是轉眼間心情就不好了。

我也有類似的經驗。有一次幫朋友的媽媽帶小孩，她只有在去購物時，才會把2歲半的女兒留在家裡，但是孩子卻不小心把大便拉在尿布上。

我趕緊把屁股清乾淨、換上新的紙尿布，再把裝了大便的尿布揉成一團，丟進廚房的垃圾筒裡。等我折回來一看，那孩子就哭得驚天動地。她敲著馬桶，整張臉哭得像紅鬼一樣，讓人不知從何勸起。

我心想：「難不成這就是秩序敏感期嗎？」於是就把丟掉的紙尿布撿回來。見孩子連連指著尿布，我就將它打開來，然後她就指著馬桶示意我將大便扔進去。正當大便咕嚕咕嚕沖進馬桶時，那孩子就說了聲「掰掰！」心情好得不得了。

這段插曲當中，就是因為預習和曉得秩序敏感期，才能化險為夷。

之前對講機的故事也是如此，媽媽每天跟孩子在一起，多半曉得孩子特殊的癖好和執著；但是偶爾才幫忙帶小孩的爸爸和祖父母不知道這件事，遇到孩子一哭，也就會驚慌失措了……。

將小孩托給別人帶時，要事先交代那個孩子對秩序有哪些執著，這是相當重要的關鍵。

「秩序敏感期」當中有三個必須事先知道的預習關鍵字，那就是**「順序」**、**「習慣」**和**「地點」**。單憑知道這件事，帶小孩就會變得非常輕鬆。

✲ 預習關鍵字①強烈執著於「順序」

比方說，許多孩子會對每天更衣的順序展現強烈的執著。首先要從襪子穿起，而且還要從右腳開始穿。假如試圖讓孩子從左腳穿起，就會惹他們不開心。這時運動敏感期也會到來，還會加上「想要自己做」的強烈執著，於是就更難應付了。

「從哪裡穿起不都一樣嗎？」這是大人的主張。

「我穿衣服是有嚴格順序的！才不是從哪裡穿起都行。」這是孩子的主張。

那該怎麼辦才好呢？我們要稍微冷靜一下，看看自己的孩子。這時他們應該會自己朝下一步邁進。不過，孩子的速度遠比大人來得慢。他們依照自己的順序，憑著自己的力量從右腳開始穿襪子，覺得相當滿足。

孩子沒有「著急」的感覺，沒有必須趕緊做完的理由。

那麼，要是大人事出有因，實在很急時該怎麼辦？

這時不妨多問一句：「媽媽也可以幫忙嗎？」

假如孩子說「好」，那就是他們自己選擇的；就算孩子說「不要」，或許也能有效讓他們自願稍微加快動作。

而在強烈執著於順序之後，將來就會變成孩子真正的實力，懂得「**自行預測，決定順序，安排步驟**」。希望父母可以預習這項觀念。

❇ 預習關鍵字②執著於「習慣」

平常散步的路徑是走在林蔭道路的右側，從牆壁的破洞偷窺待在院子裡的狗，然後再從橋上眺望魚隻。可是今天趕時間，試圖抄近路，搞得孩子哇哇大哭。他想要從牆洞看小狗，躺在馬路上，說什麼都賴著不肯走。

「**反正都是老樣子，今天沒看到沒關係吧？**」這是父母的主張。

「**就因為是老樣子，所以我一定要看到。**」這是孩子對習慣的執著。

秩序敏感期的孩子透過自身養成的習慣了解社會，「老樣子」會讓他們相當暢快。

身為父母能做的是仔細觀察自家孩子有什麼習慣，並且儘量**尊重**。**變更預定行程時要特別留意**。

另外，做父母的或許也必須顧慮到，沒辦法維持老樣子就不會養成習慣。大人圖自己方便，唯獨今天特別之類的例外情況，只會讓孩子混亂。父母維持一貫的管教方針，避免爸爸和媽媽不同調，這也是很重要的。

✲預習關鍵字③執著於「地點」

「老樣子感覺真好」不只會反映在順序或習慣上，也會表現出對於「地點」的強烈執著。我的沙龍當中，假如有個教具本來在那邊卻放在別的地方，或是增加了新的教具，有些孩子也會馬上注意到。

秩序敏感期的孩子，光是前一天在右邊的東西放到左邊，也會覺得不開心。

家裡的餐桌也一樣，孩子會堅持這是爸爸的座位、這是媽媽的座位，要是偶然間坐錯或被客人坐走了，就會大吵大鬧。

遇到這種時候不妨多問一句：「這是〇〇的座位，今天請客人坐好嗎？」各位覺得如何呢？

要注意的是，孩子對地點和其他秩序比大人敏感幾十倍，**所以在搬家或大幅改變房間外觀時要特別當心**。還要請各位記得，破壞秩序有可能讓孩子內心不安。

Column 從捉迷藏中看到的秩序敏感期

孩子在沙龍當中開心地玩著捉迷藏。

「躲——好——了——嗎？」「躲——好——囉」「哇！找到了」仔細一看就會發現，孩子常常會躲在相同的地方，同樣都抓得到人，玩得不亦樂乎。

有一次我說：「老師也要加入喔！」躲在孩子意想不到的地方。然後孩子就生氣地說：「爸爸老師（他們會這樣叫我），別躲在不一樣的地方啦。」

對於**秩序敏感期**的孩子來說，跟平常一樣的事物，跟平常一樣的地點，就會讓他們欣喜若狂。

這麼一說就讓人想到，號稱名作的「繪本」一定都會重複基本的模式。劇情在意料當中，故事節奏跟平常一樣，孩子就會樂意接受。

你每次都
躲在同樣的地方，
這樣子
會好玩嗎？
抓到你囉！
哎呀，
換我當鬼！

5 事先預習真是太好了♥
——嚎啕大哭的三大模式

第一次教養孩子什麼都不懂，孩子嚎啕大哭時也經常束手無策。要是能夠事先預習這三大模式，遇到這種時候就會真的派上用場。當各位不曉得哭泣的原因時，就要懷疑是不是以下三種情況：

①因為「想要自己做」而嚎啕大哭。
②因為秩序被打亂而嚎啕大哭。
③因為不要不要期而嚎啕大哭。

現在我們就來逐一看看這些模式。

① 因為「想要自己做」而嚎啕大哭

孩童嚎啕大哭時，首先要懷疑的原因就是「想要自己做」。運動敏感期的的孩子正在做「上天給他的功課」，學習自己生活所需的動作，練到爐火純青。假如大人圖自己方便，因為某些理由打斷或搶走孩子在做的事，他們會怎麼樣？當然會強烈反抗囉！

前幾天有個幼兒拚命攀爬車站的樓梯。當時媽媽一定是在趕時間，突然一把抱起孩子，說了聲「要走囉」就快步爬上去。當然，那個孩子就開始大聲啼哭，整個人往後仰到快要掉下來。

就在憑自己的力量一層一層爬樓梯、分泌大量多巴胺的途中，突然有人搶走了這份樂趣，當然會大哭和抵抗。我知道媽媽也很忙，但也不妨多問一句：「**我可以抱你起來嗎？**」

假如孩子說「好」，那就是他們自己選擇的，也不會抵抗。或許有人會說，我才沒空講這些無關緊要的話……

然而，孩子真正的實力正會在這瞬間成長。

藉由爬樓梯鍛鍊軀幹，手指就能活動自如。不斷運動之後，孩子的腦部就會發達。這麼一想就能稍微放慢步調，看著孩子自己爬了吧？

而以我的經驗來說，**這時愈會強烈反抗的孩子，之後就愈會成長**。

前幾天也有個爸爸對我說：「我一伸出手，他就『啪』一聲把我的手揮開。現在就這麼蠻橫，真擔心他將來會怎麼樣。」

當我回答那個爸爸「他將來很有希望」之後，對方就露出茫然的神色。揮開別人的手，受到妨礙就大哭反抗的現象，就代表想要自己做的意志很堅強。這種孩子遇到新事物也會不斷自我挑戰，之後才會成長。

這裡要講一件有點可怕的事。

就算是一開始會把別人的手揮開，大哭反抗的孩子，若父母經常搶走他關注的東西，即使全神貫注也一再打斷，最後也會塑造出不會反抗的孩子。

所謂的「被動兒」於焉完成。不會自己選擇、不能全神貫注、不會反覆操作，就算想做的事被搶走也不會反抗。一旦變成這樣，問題就嚴重了。

而這樣的「**被動兒**」從大人看來就會是個「**乖孩子**」，管教起來相當方便，這下就危險了。

不能否認，這樣的特質在準備幼稚園和國小入學考時有很多好處。

然而有件事必須注意，不要把行程表（包含學才藝在內）排得太緊湊，讓孩子每天只能聽命行事，以免養出被動兒。因此，我們這些父母也需要預習正確知識，了解孩子原本的成長歷程。

② 因為秩序被打亂而嚎啕大哭

83頁也說明過，孩子出生在這個世上時，對世間的事物懵懂無知，所以會用建立秩序的方式，不斷吸收理解世界的架構。這時孩子會使用無意識記憶，我們這些大人早已失去的能力。這種超凡的能力就像拍攝照片一樣瞬間記憶，吸收資訊。既然是如影像一般吸收，所以要是換了地點和順序，就會相當混亂，轉眼間就覺得不愉快。

兒童因為秩序打亂而嚎啕大哭，這可以說是最難解的問題。不過，遇到擁有「強烈執著」的孩子時，只要曉得他執著於前面介紹過的預習關鍵字「順序」、「習慣」和「地點」，父母就不會心浮氣躁，讓孩子自在成長。

③因為不要不要期而嚎啕大哭

孩子不管叫他做什麼都「不要不要」。假如不會用嘴巴表達，就丟擲和敲打東西。這就是俗稱的第一次反抗期，有些孩子早在2歲前後就開始了。

這可以硬拗成單純的「任性」，加以斥責嗎？

請各位把這段期間當做孩子懂得說話，**測試自己的主張適用到什麼程度的時期**。

就算情緒憤怒，責罵孩子「鬧夠了沒」，也解決不了任何問題。**我們要果斷釐清這些主張**，再以毅然的態度告訴他們：「你的主張到這裡還可以，再下來就行不通了！」孩童會透過這件事，替社會的規範建立秩序，再記在腦子裡。

「不要不要期」也是「**期**」，**有始必有終**。

只要父母知道這是每個孩子必經，也必定會結束的時期，心浮氣躁的程度就會截然不同。

當自己的孩子出於不明原因嚎啕大哭時，也要像這樣以冷靜的眼光觀察孩子，再回想目前預習過的要點：

①是大人搶走了他們自己想做的事嗎？

②是秩序被打亂了嗎？

③是單純的不要不要期嗎？

光是能夠這樣分析，心情也會頓時輕鬆起來。

Column

讓寶寶安心的小被被「嬰兒墊」

寶寶很喜歡「跟平常一樣」。以無意識記憶記住的事物秩序，一旦遭到打亂，就會相當不愉快。爸爸抱孩子時，假如跟媽媽的氣味不同、被人抱的感覺也會不同，孩子就會嚎啕大哭，讓爸爸大受打擊。但若將「嬰兒墊」（Topponcino，彩頁②）連同寶寶一起交給爸爸，就會發生不可思議的事情。這種襁褓是以蒙特梭利教育為基礎製作而成，沾有媽媽的氣味，棉被般的鬆軟感和親膚質地的觸感都會常伴寶寶身邊，這下就可以安心了。讓爺爺、奶奶、保姆或其他人帶小孩時，只要裹上「嬰兒墊」再交給他們，寶寶哭泣的次數也會減少，是能在秩序敏感期善加活用的珍品。

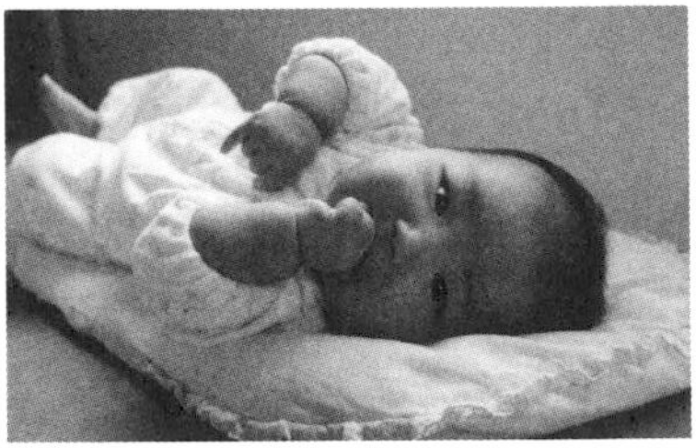

6 1～3歲 「對細微事物感興趣的敏感期」——注視細微的物體

只要事先預習敏感期相關知識，就會覺得孩子偶發的行動相當有意思。其中之一就是「對細微事物感興趣的敏感期」。

我們經常可以看到孩子在發現螞蟻的隊伍後，就蹲在現場不肯離開。然後忙碌的母親就說：「看夠了吧，走吧。」使勁拉孩子的手想帶他回家。

另外，也有的孩子會拿丸子蟲過來給別人看。除非是昆蟲學家，否則沒有一個大人會採取這樣的行動。

假如是討厭蟲子的媽媽，或許還會大罵：「拿這種東西過來，真是噁心！」

這段時期的孩子會受強烈的衝動驅使，想要看小東西，聚焦在細微的事物上。胎兒從還在媽媽的腹中時就會練習操作各種功能，以便出生時所需。但是，唯一做不到的就是「觀看」訓練。這是因為肚子裡一片漆黑，所以剛出生的嬰兒眼睛幾乎看不見。能夠看到的是30公分遠的距離，可以在媽媽哺乳時隱約看見她的臉。

因此，孩子從出生到世上起，就會拚命練習「觀看」。而當聚焦在螞蟻和丸子蟲這些細小又會動的東西上，能夠清楚觀看時，孩子的腦部就會充滿多巴胺，孕育出「我做到了」的想法。

再加上他們也處於運動敏感期，用三根手指抓住小東西時會擁有喜悅和自信，才會那麼高興地拿給大人看。

「對細微事物感興趣的敏感期」落在1歲以後到3歲前，期間短暫，請各位珍惜孩子這段時間才有的敏銳觀察力。

這時我們要嘉獎孩子「看得真仔細」、「抓得好」。如此一來，孩子真正的實力就會成長。孩子的實力能否成長，取決於父母是否知道孩子現在對什麼事抱有強烈興趣，以及做到那件事時，能否在最佳時機稱讚孩子的實力。

Column

從出生就開始做的「莫那利吊飾」視力訓練

寶寶是從媽媽腹中一片漆黑的環境裡生出來，眼睛不會聚焦。這時就需要「莫那利吊飾」（Munari Mobile），一種以蒙特梭利教育為基礎製作而成的黑白吊飾了。剛開始寶寶只會辨識白與黑，不妨將這個吊在嬰兒床視野所及的地方。這樣嬰兒就會拚命看吊飾，能夠進行聚焦訓練。

寶寶尚未培養出動態視力，正好適合看迎風搖晃的東西。莫那利吊飾做起來很簡單，請各位一定要試試看。

寶寶第一眼看到的東西是爸爸媽媽親手做的吊飾，這真是好極了。

7 在家馬上就做得到！ 環境整頓法

蒙特梭利教育相信孩子的「自我教育能力」。他們會憑藉自身的力量培養自己，再透過援助促進「自立」和「自律」。

成人最多能夠幫到的，並非父母事事幫孩子代勞，而是整頓孩子成長所需的「環境」。只要整頓環境，孩童就會自己成長。

我們這些蒙特梭利教師有「蒙特梭利教師的十二個心得」，其中最開頭的項目就是「**整頓環境**」。

蒙特梭利園裡讓孩子成為主角，堪稱是能夠自由活動的最佳環境，一般的家庭不可能完美重現。但我們還有能做到的事。現在就告訴各位普通家庭也行得通的環境整頓法。

❊注意視角

幫自己的孩子整頓環境時，關鍵在於要契合他現階段的成長，以及成長後的下一個階段。具體來說，假設現在我的孩子能夠匍匐前進，下一步就是過渡到腹部離地爬行，所以父母也要匍匐前進一次，檢測現在的環境是否安全。

爬行時會不會有危險？另外，孩子什麼東西都放進嘴裡，有沒有容易讓人誤食的東西？假如有就排除，再以爬行的視角看過去，在前面放置玩具當作目標。

當孩子開始爬行之後，下一步就是「攀物站立～扶牆行走」。

這時要放置椅子、凳子和類似的家具，高度要便於攀物站立，而且體重壓上去也不會倒下來。站立之後視角就會升高，所以這次要將孩子感興趣的玩具放在這個高度上。當孩子站起來伸手後，就可以搆到相當高的地方，因此危險和絕不想讓孩子觸摸的東西要移到安全的地方，做好充分的準備。

這時要記得替玩具選定主題，儘量放少一點。可以的話一個櫃子要陳列兩種玩具。

這是因為要讓孩子能自己想二選一。要是玩具在大籃子裡堆積如山，他就不會自己挑選了。

二選一是有效培養孩子「自主決定能力」的方法。叫他做這做那、將每件交代的事情做好的孩子，以及必須自己決定要做哪件事的孩子，兩者日後成長的幅度就會截然不同。

活用購物中心等地販賣的多彩收納櫃，也可以在自家布置蒙特梭利區（參照110頁）。我的沙龍就具備類似教具展示間的功能，各位也能在家裡重現。

尤其是0～3歲兒童的房間，更要放置五花八門的教具，讓孩子抓握、夾捏、拉扯、扭絞，以便能夠幫助手指的成長。

❇ 活用自己要拿的「托盤」

蒙特梭利園允許孩子把自己選擇的工作教具搬到自己的桌上，其中常用的就是各種托盤。請各位也一定要在家裡準備兒童尺寸的自用托盤，孩子應該會興高采烈地幫忙擺上餐點。

而當孩子學會走路後，接下來就要專心練習持物行走。這時「托盤」也會大展身手。

✲ 環境是否允許孩子收拾？

蒙特梭利園當中，當孩子自己選擇工作、盡情活動之後，就會把東西放回原來的地方，正好是一個循環。看到連初次體驗的孩子都乖乖收拾的模樣，許多父母會驚訝地說：「他們在家裡完全不會收拾。」

這時我會詢問：「府上的環境允許孩子自己收拾嗎？」我的沙龍會在多彩收納櫃當中，貼上原本放在那裡的教具照片。因此，就算是第一次來沙龍的孩子，也能清楚知道東西原本在哪裡。

處於「秩序敏感期」的孩子會覺得「不在老地方心情就會差」。只要整頓環境，他們就會自己動手開心收拾了。

家庭能做到的環境整備

▲用購物中心的多彩收納櫃就行了！

◀只要改造踏板，就成了小孩可以單獨上的廁所。

❇ 環境是否讓孩子成長遲緩？

以前有個2歲孩子的家長找我商量。

對方擔心地問：「我家孩子既不愛走路，也不愛講話，這樣沒問題嗎？」的確從發育的整個過程來看，這樣感覺實在是很慢。

於是我就做了家庭訪問，沒多久就知道原因。寬敞的客廳相當乾淨，沒有掉下一粒塵埃。而且什麼都沒有。

危險的東西統統收拾乾淨是件好事，但因為站立時沒有東西可以攀，所以在這個環境當中連攀物站立都難。而在視野上方也完全沒有孩子會想要的東西，所以那個孩子就沒必要站立了。

而且，那個孩子還跟飼養的鬥牛犬一起開心爬行。我看到這番光景，覺得這樣下去不行，於是就說：「我們來改造家中的環境吧。」

然後家中的環境就改造如下：

首先是放置高度正好可以攀物站立的櫃子，其次是在孩童站立時容易搆到的地方擺放各種物品。結果各位猜怎麼樣？那孩子馬上就站起來了。

那孩子正值站起來會欣喜若狂的時期，環境卻不允許他擁有站立的進取心。因為站立的時間晚了，手指也就沒能充分使用，於是整體發育就變得遲緩了。

許多案例顯示，家長會不自覺營造出讓孩子成長遲緩的環境。

請各位一定要檢查一下，環境是否契合孩子的成長。

▲有了踏板，孩子也能自己拿東西。

8 最重要的環境是大人

而孩子成長時最重要的環境，就是父母、祖父母和老師，這些在他們身邊的大人。

孩子是模仿的天才。我們的腦部有一種神經細胞叫做鏡像神經元，作用就是像鏡子一樣映照旁人的行動，負責揣摩別人的心思、模仿和輔助其他溝通交流。鏡像神經元會在3歲以前發揮強大的能力。

幼小的孩子用類似大人使用的詞彙說話，直接挪用母親的口頭禪，相信各位經常看到這樣的光景吧？

這段時期就是如此，「模仿」也要用到無意識的記憶。

然而，像無意識記憶這種非凡的能力**不會判斷善惡**，將一切照單全收，終生難改，真是可怕。

這面鏡子最先映照的是最親近的父母和老師。

所以要在孩童模仿時會欣喜若狂的時期，展現正確而優美的言行舉止、用字遣詞和寒暄方式。

這段時期要請各位注意兩件事。第一件事是絕不要填鴨知識。

第二件事是不要出現價值觀和方向的差異。「媽媽說不行，但是爸爸說可以」這類的意見分歧會擾亂孩子。請各位務必重新審視家裡管教的標準。

希望大人在這段時間特別自覺到孩子正在看著自己、模仿自己，為孩子帶來良好的影響。

9 3～6歲 幼兒期後期——知性萌芽！「感覺敏感期」

0～3歲的幼兒期前期，凡是所見、所摸、所聽、所嘗、所嗅和其他所有的資訊，都會用無意識記憶這種非凡的能力吸收。

這種狀態就像是將五花八門的資訊隨意放進大籃子裡。

到了3歲以後，就會跟我們這些大人一樣使用有意識的記憶，同時受到強烈的衝動驅使，想要整理龐大的資訊。這時的關鍵字就是：

「想要清楚、分明且徹底地了解」。

而在後面推波助瀾的就是「**感覺敏感期**」。感覺敏感期會從3歲前後粉墨登場。

感覺敏感期分為三階段，就如下一頁起要說明的一樣。只要先預習再觀察這段時間的孩子，就會覺得感動。人類竟然會這樣逐漸成長，實在很有意思！

附帶一提，我最喜歡觀察這段時期的兒童。希望各位千萬別錯過這段寶貴的時光。

✲「感覺敏感期」——第一階段　「相同性」

假如3歲前後的孩子開始執著於「一樣」（相同性），那就是「感覺敏感期」的開端。

他們在比較時會充分活用五種感官，辨別顏色、形狀、聲音和氣味。

孩子會喋喋不休地說「一樣耶」，父母或許會疲於回應，但這是提升兒童知識最大的機會。

假如聽到孩子說「一樣耶」，請各位不斷在話題中加入延伸知識。像是「對啊，一樣是黃色耶」、「這朵花叫做向日葵，夏天會開花喔。因為會隨著太陽的動向而移動，所以叫向日葵」。這樣就能在享受親子對話的同時，一口氣增加孩子的詞彙。

兒童不只會用言語表達「一樣」。就在他看似安靜的時候，下一課就把同樣大小和顏色的迷你車排列整齊，看得出神。這也是「一樣」，也就是相同性覺醒的徵兆。

❇「感覺敏感期」——第二階段　「比較」

繼「一樣」的熱潮之後，接下來就要開始比較。兒童會比較高度、尺寸、重

跟媽媽
一樣！
一樣的
藍點點喔！
一樣的！
他要唸到
什麼時候
才停啊…

量、音程和其他項目，執著其差異。他們會把積木和玩偶依照高低順序排列整齊，或是雙手分別拿東西，比較哪一邊重。

這時的關鍵就是以言語表達比較之後的差異。像是「變得愈來愈高了」、「這邊比較重」等等，孩子會一併掌握各式各樣的表現。

能夠像這樣察覺微妙的差異，再以適當的言語表達，人生就會變得豐盈。對差異有異樣執著的敏感期，我們要借助這份力量，讓孩子渡過豐盈的人生。

❊「感覺敏感期」——第三階段「分類」

一旦能夠比較相同的事物，察覺其差異，最後就要進入第三階段：「**想要清楚、分明且徹底地分類**」。

比方像是去公園等地玩耍時，我那年幼的孩子就會不管三七二十一，將所有東西塞進口袋裡帶回家。

不過，當兒童隨著成長，懂得相同性和比較的概念之後，就只會把橡實塞進去。而若學會分類，則往往會做出劃分的行為，像是將圓形的橡實放進右邊的口袋，細長的橡實放進左邊的口袋。

另外，到了這個年紀之後，樣樣都想數的「**數字敏感期**」也會同時來臨。這段時期要把種類不同的東西混在一起讓孩子數。

比方說，同樣是豆子，假如將黑豆、大豆和豌豆混在一起讓孩子數，他就會一臉開心地劃分種類，開始算起每種豆子的數量。

總而言之，**只要將敏感期化為助力，孩子不但會快樂學習，還會直接充分了解學習是什麼**。

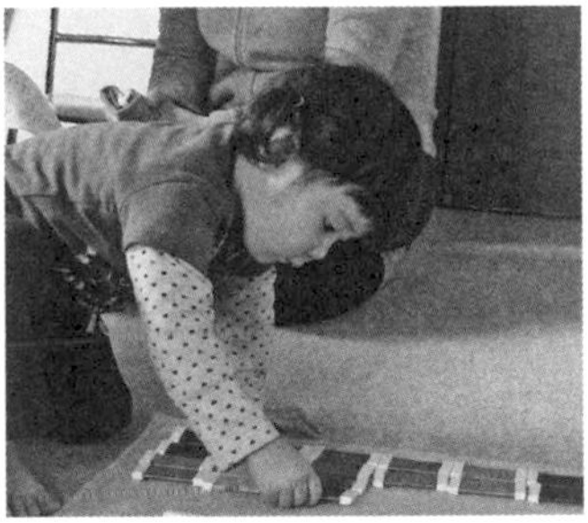

▲好喜歡一樣的！

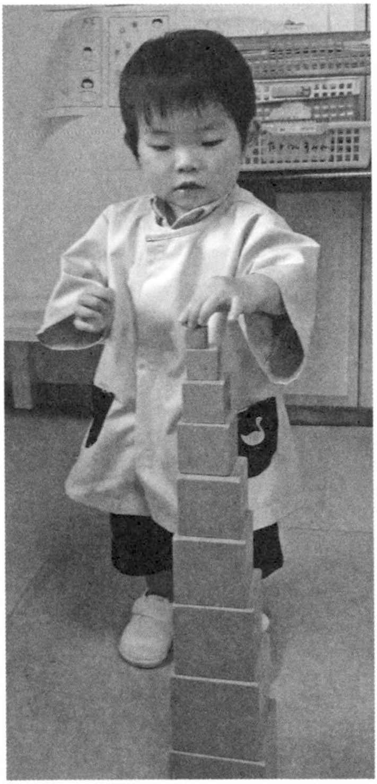

▲逐漸堆高高！

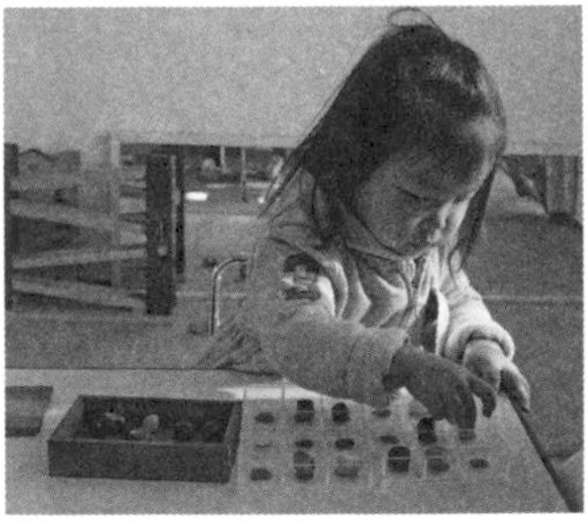

▲好想分得清清楚楚！

經過這樣的階段，就會懂得「發現相同之處、比較和分類」。也就是說，我們大人日常生活中運用的「**思考能力**」，就是在這個時期確立。

要將孩子特殊的舉動判定為單純的調皮和執著，還是饒富興味地從旁守護「孩子的知性萌芽」？相信家長的選擇能像這樣徹底改變孩子的能力。

✲ 磨練五種感官

「感覺敏感期」也是精練五種感官的時期。這五種感官將是日後度過漫長人生的必備武器。

「**視覺**」是五種感官的中心，我們大人也會從眼睛獲得許多資訊。這時候兒童會觀察實物，比較大小、長短、粗細和其他主觀感受，學習上述概念並懂得用言語表達。我們做父母的要讓孩子看更多的東西。

「觸覺」是從手上或肌膚直接承受的感覺。兒童會在觸摸的同時學到粗糙、光滑、溫暖、寒冷、沉重、輕盈等概念。

一旦張開眼睛，注意力往往會被視覺資訊吸走。遇到這種時候不妨提議「要不要閉著眼睛摸」，孩子就可以更專注在觸覺上。

「聽覺」打從在媽媽的胎內時就在發育。而在6歲之前會歷經耳部敏感期，培養聽音辨聲的能力。兒童的聽覺優勢比我們大人還要多。比方說，大人往往會在孩子大喊「直升機」之後不久，才聽得出是什麼聲音。要是這段時間沒有受到適當的訓練，就掌握不了絕對音感，因為這是聽覺敏感期才能獲得的技巧。

「味覺和嗅覺」也是豐富人生極為珍貴的感覺。飲食也要儘量讓孩子接觸和品嘗貨真價值的優質美味，鍛鍊味覺和嗅覺。讓孩子度過健全飲食生活的「食育」，也是父母的重責大任。

從飲食中感受季節、以花朵的幽香感受季節，請各位也要讓孩子累積許多類似的實際體驗。

10 語言敏感期的「語言爆發期」

就如彩頁⑥⑦頁所示，五花八門的敏感期會在0～6歲之間出現和消失。其中出現時間最長的，就是70頁也說明過的「語言敏感期」。

從0歲開始聽到的各種聲音和詞彙，憑藉無意識的記憶大量囤積，再在3歲前後一口氣迸發出來，這就叫做「語言爆發期」。懂得言語表達就會欣喜若狂的時期到來了。

0～3歲在無意識當中囤積的龐大印象資訊和名稱，將會在這段時期整合。

✲第一次提問期──「這是什麼？」

子：「這是什麼？」

母：「蘋果。」

子：「這是什麼？」

母：「是草莓喲。」

子：「這是什麼？」

母：「抱歉，待會再說。」

我也明白要是孩子問「這是什麼」的次數太多，爸媽就會想要溜走；但是這段時間的兒童在得知看過的東西叫什麼後會欣喜若狂。當事物和名稱一致的瞬間，會分泌多巴胺而產生快感和幹勁。

另外，與感覺敏感期重疊的強烈衝動會在後面推波助瀾，讓孩子想要「清楚、分明且徹底地」知道，渴望以言語表達。

家長幾乎天天聽到孩子這樣問，或許會覺得實在很煩，不過這也是「期」，會有結束的一天。只要孩子透過這個提問記住現在的答案，就會一輩子都忘不了。麻煩各位掌握時機的到來，悉心陪伴。

孩子活在當下。當他感興趣而詢問時，就是教育的良機。要提升語言能力，沒有比現在更好的時候了。

舉個老一點的例子，請各位把這段時間當成以前柏青哥的電子鬱金香中獎口。假如沒有趁洞口大開時不斷打小鋼珠進去，關閉之後就進不去了。孩子說「這是什麼」的瞬間就是進洞的時候。

所以這時不只要講名稱，還要加上各式各樣的資訊。

聽到孩子問「這是什麼」，別只回答「獨角仙」，而要告訴他其他事。像是「獨角仙分為雄蟲和雌蟲，雄蟲的犄角很大……」、「牠是閃閃發光的紅褐色耶」、「變成蛹的時候會在這種地方喲」，或是「幼蟲吃的是腐葉土」等等。

或許孩子這時還不懂，但是這項資訊會完整輸入。

聽到「這是什麼」只會回答「是花」的家庭，以及回答「這種花叫做大波斯菊，盛開於秋天，又叫秋櫻」的家庭，孩童的成長方式會完全不同。這就是所謂的教養。

這時也可以打開**圖鑑**和其他讀物給孩子看。只要在給孩子看書時告訴他：「這種花是鬱金香，這是球根」，孩子的世界就會更為廣闊。而在互動過程當中，他就會開始翻開圖鑑查資料了。

是否要使用 ipad 或智慧型手機等產品，雖然眾說紛紜，**但當孩子表現出興趣**

時，就能當場馬上讓他看圖片或影片，從這層意義上來說真是效力十足。讓時間充裕的爺爺奶奶耐心陪伴孩子提出問題，也會非常有效。

❇第二次提問期──「為什麼，為什麼？」

到了4～5歲之後，就會在處於感覺敏感期的同時對原理感興趣，也就是好奇事物如何成立。這時會不停詢問「為什麼，為什麼」的第二次提問期就開始了。

尤其是男孩子，對自然的原理更是懷抱強烈的興趣，接二連三地詢問「為什麼火山會爆發」、「為什麼岩漿是紅色的」。

這時候的孩子「極為想要清楚、分明且徹底地了解」世間的原理原則。

或許有人會覺得為難，這種情況到底會持續多久？但「期」終歸是「期」，不會延續很久。請各位珍惜這股湧現的興趣之泉。

這時「為什麼？是嗎，我懂了」的體驗，正是唸小學後開始用功的原動力。

這時孩子的好奇心能夠怎麼成長、孩子的詞彙可以增加多少，請各位思考這些事情，悉心陪伴。

但是，我們沒必要完美回答所有的問題。

「真的耶，真不可思議——」留下疑問的種子會產生更多興趣，有時沒有得出答案也有功效。

這是什麼問完了之後，這次換為什麼嗎？
為什麼？
為什麼？
為什麼？

11 好想要寫字！「書寫敏感期」

3歲半～4歲半

相信許多人會覺得很意外，0～6歲的語言敏感期當中，**「書寫」竟然比「閱讀」來得還要早**。

這是因為**想要活動手指的運動敏感期**，背後有「好想要寫字」的強烈衝動在推波助瀾。

進入幼稚園入學沒多久，交換信件的風潮就來了。

「我也收到〇〇的信了。」我家孩子手裡拿著來信一臉開心，信上寫著神祕的記號，實在稱不上文字。而他一臉開心寫下的回信，也是神祕的記號（笑）。

這些行為顯然證明了想動手指和想要寫字的強烈衝動受到觸發，家長要活用這份衝動教小孩文字。教文字時要慢慢寫給他們看。這段時期也是**秩序敏感期**，剛開始示範時要注意「**筆順**」。要是這時寫錯的筆順化為秩序，之後要改就相當困難了。

另外，鉛筆或原子筆正確的握法。目前為止的階段當中，運用這三根手指的工作很多，這是寫出一手好字的關鍵步驟。

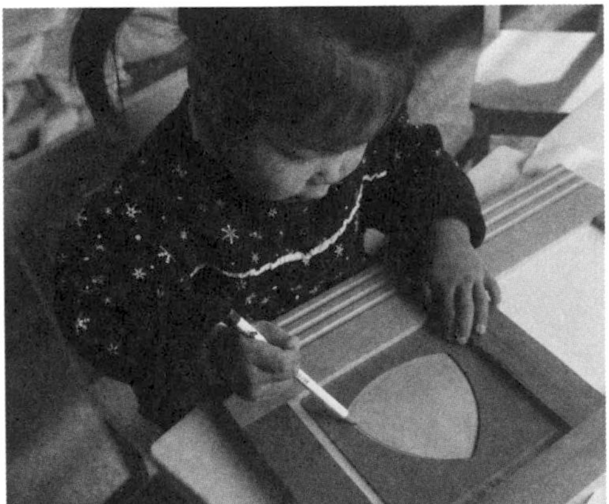

12 好想不停閱讀！「閱讀敏感期」

4歲半～5歲半

繼書寫敏感期之後，極為想要閱讀文字的閱讀敏感期就到來了。像是「你看，是隆司的『隆』喲—」，對自己認識的文字反應強烈。

這時該注意的是，**別在敏感期尚未到來時，就以「早期教育」填鴨知識。這樣不但沒有效果，還有可能帶給孩子痛苦。**

進入閱讀敏感期的孩子會欣喜若狂地記住文字，所以要把這段時期好想閱讀的強烈衝動視為助力，培養茁壯。

蒙特梭利教育稱為「適時教育」的理由就在於此。

「適時」指的是家長必須留意敏感期的到來。或許有的父母會說：「怎麼這樣——我沒有信心做到……」但是請各位放心，有個簡單的方法，那就是：

「統統貼上去」。

比方像是**張貼ㄅㄆㄇㄈ的注音符號表，或是印有許多動物圖案和名稱的海報**。敏感期尚未到來的孩童，就算牆壁上貼了什麼，也會直接走過去。但是到了某個時期之後，就會在海報前面停下腳步，指著認識的字跳著讀。這就是一種徵兆。

有個親子同樂的遊戲能夠跳著讀注音符號，現在就來為各位介紹。

首先準備不要的紙張，剪成3公分左右寬度的短箋，再在孩子的面前慢慢寫上注音符號給他看。這樣閱讀敏感期的孩子就會興味盎然了。

比方像是將「ㄧˇ．ㄗ」（椅子）寫下來讓孩子唸，問他：「你知道這個在哪裡嗎？」再把透明膠帶貼在短箋上交給孩子，他就會喜孜孜地貼好再回來。接著再陸續讓孩子貼「ㄑㄧㄤˊ ㄅㄧˋ」（牆壁）和「ㄅㄧㄥ ㄒㄧㄤ」（冰箱）等詞彙。

雖然家中會貼滿短箋，不過這裡推薦的遊戲既能閱讀文字，記住物品的名稱，又不必花錢，真是一石三鳥。

◀只需張貼海報，
孩子就會停下腳步。

唸出物品的名稱▶
再貼上去的遊戲。

✲ 教孩子正確的說法、正確的拜託法

假如聽聽這段時間親子的對話，就會發現有相當多的家長會搶走孩子的話語權，結果就養出只會說「是」和「不是」的孩子，需要小心。

比方說，父母覺得孩子想要喝放在旁邊的果汁時，就會在他側過頭去的瞬間問：「你想喝果汁嗎？」

從家長的角度來看，就是有了大致的推測，才任意搶走孩子的話語權。

即使沒做到那種地步，許多家長也會在小孩提到「果汁」後說：「我知道了，要果汁對吧」，將果汁倒入杯中交給他。

不過，要是孩子年紀大到能上幼稚園，我會希望對話可以提升到以下的層次：

子：「果汁。」

父母：「媽媽（爸爸）不是果汁喲。」

子：（露出一副「什麼嘛」的表情。）

父母：「你要說什麼？」

子：「我想喝果汁。」

父母：「想喝的話要怎麼辦？」

子：「想要你倒給我。」

父母：「要說麻煩你幫我倒果汁，對吧？」

孩子經常會說「果汁」，往往省略掉「我想喝果汁」的完整句子。或許家長自己那一代就是這樣講話，無可奈何就將錯就錯，但當語言敏感期到來時，請各位好好示範正確的說法和正確的拜託法給孩子聽。

要是搶走孩子的話語權變成普遍的現象，這樣的互動關係到了以後的青少年期也會一直持續，情況就像這樣：

「我知道了，你想說的就是這樣吧。」

「嗯。」

假如延續這樣的互動關係，萬一在孩子人生重大時期，別人對他說「你啊，說說看自己的意見吧」，他也講不出話了。

要養出能夠完整傳達自己想法和心情的小孩，就要趁著語言、閱讀和書寫敏感期協助孩子用自己的言語傳達，這是父母應盡的義務。

Column 考試新制與蒙特梭利教育

大學入學測驗的考試制度改變，今後就是「**追求非認知能力的時代**」了。

以往需要用ＩＱ、偏差值或答案卡方式測驗的認知能力，不過往後的時代ＡＩ會取代人類，人人都說需要**非認知能力**的時代會到來。這種能力只有人類才有，測驗不出，包括獨創性、同理心、主體性、堅毅不撓和自信心。然而，這種能力究竟該在何時培養、如何培養呢？

的確，唯有透過0～6歲的幼兒期，親身體驗自行選擇並做到最後的滋味，以及孩子之間跟真人的互動，才能生養出這樣的小孩。

從這層意義上可以實際感受到，蒙特梭利教育這個持續百年至今的教育方法，往後的重要性會與日俱增。

13 就是想要數數字！「數字敏感期」

4～6歲

3～6歲的幼兒期後期當中，會有一段什麼都想數、就是想要數的時期，這就是「數字敏感期」。

數字敏感期的特徵是起於4歲前後讀幼稚園中班時，**開始得比較晚**。這時兒童會受到「**想要清楚、分明且徹底地數數字**」的強烈衝動驅使。豆子也好，牙籤也好，樣樣都要排開來數。請各位別錯過孩子想要不斷唸出數字的舉動。

將便當之中的豆子數了好幾次的孩子、不斷唸出汽車車牌數字的孩子、指著月曆上數字大聲唸出來的孩子……個個都對數數欣喜若狂，能夠提到數字就會開心得不得了。

蒙特梭利園大班的學童從搬運實物當中學會四則運算（加法、減法、乘法和除法），看起來似乎與一般人「以早期教育填鴨知識」的印象相映。

不過，數字敏感期到來的兒童，會像口渴想喝水一般想要數數字。當他們希望時就要給予適當的教育，「培養真正的實力」。蒙特梭利稱為適時教育的原因就在於此。

✲好想數到1000！

孩童熱愛「龐大的數字」。

有時幼稚園的男孩子會有以下的爭論：「我有1萬個喲」、「我可是有10萬個喲」這可能是古今不變的光景。

這個現象背後的因素是對龐大的數字感興趣，憧憬龐大的數字。

蒙特梭利教育有項工作是「1000串珠鍊」。照片中排列的串珠其實有1000個，朝旁邊延伸就會有10公尺以上。接著男孩就一鼓作氣數起串珠來。途中安插了一次休息，等到數完大概花了兩個半小時吧？工作結束時他的表情洋溢著「數完」的滿足感，以及「獨力做到」的自信。後來他說了一句我至今難忘的話：

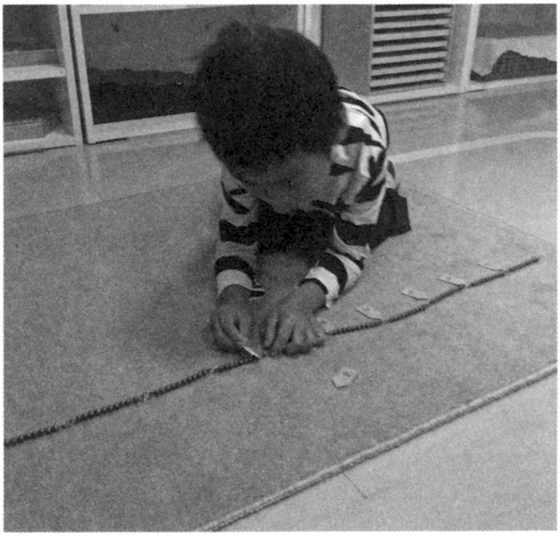

「爸爸老師，999**真的存在耶！**」

他唸得出999這個數字，也會寫，卻沒有從親身體驗中知道那是否真的存在，而且還瞬間體悟到999個再加一就是1000個。

1000這個數字會在國小二年級的算術「比100大的數字」單元中學到。然而，教科書當中就只會教1的旁邊排3個0就是1000。單單從紙上知道數字的孩子，以及自己體悟到其多寡和長度的孩子，哪一個日後會成長呢？

當然是後者。

既然如此，那就在國小二年級時，讓大家做這份工作不就得了！或許有人會這樣覺得，卻沒有一個小孩肯做。這是因為非常想要數數字的數字敏感期，想要拚命活動手部的運動敏感期，都早已雙雙結束。

現在各位知道敏感期有多麼重要了吧？

透過這種「工作」憑感覺了解數字，就會養出**數學頭腦**。蒙特梭利教育當中的數學頭腦並非計算迅速，或是擅長圖形和立體感的能力。

這裡所說的數學頭腦是「**洞察機先的能力**」，是因為這個會變成這樣，接下來會這樣，所以要做這種準備的預測能力。這會發展出衡量步驟、動腦筋想辦法，以及持之以恆的能力。

藤井棋士宣稱自己能夠模擬之後的二十到三十步棋，這正是數學頭腦的絕活。號稱經營之神的松下幸之助也說過：「將棋的意義正在於棋子不動之處。」在腦中打棋譜，單單在腦中設想所有可能性並得出結論的遊戲，跟經營管理是相通的。

蒙特梭利教育所謂的數學頭腦，並非單憑數學工作培養而成，也可以從其他地方學習。比方像是幫忙父母做事，一起烹飪，開始之前準備工具和材料，建立步驟再動工，就對提升兒童的數學頭腦有相當的功效。

像谷歌和臉書這樣超越水準的構想，或許也是透過幼年時培養的數學頭腦產生出來。

只不過各位要注意的是，數字敏感期來得意外地晚，所以**數字不要太早教，不要填鴨知識**。而且要記得數數時別在紙上教，**必須讓孩子看到各種實物**。

即使能夠數出1～10，也往往只是背誦而已，沒有跟實物連結。孩子懂得數數字和了解數字完全是兩回事。

蒙特梭利教育會以相當慎重的態度，鑑定實物數量、數字、數詞是否在孩子的腦中一致，再進行活動。

這段時期希望各位在家能夠**徹底將數數的方式統一**。「1、2、3」數下去時，要教孩子「4」的日文是「Yon」而不教「Shi」。❶

假如媽媽說「Yon」，爸爸說「Shi」，這段時期的孩子就會覺得混亂。

就跟剛開始要教「Yon」一樣，「7」也要請各位統一唸做「Nana」而非「Shichi」。因為在提到年齡時，「4歲」是說成「Yonsai」，「7歲」是說成「Nanasai」，而且從10倒過來數的時候用的也是「Nana」和「Yon」。

孩子總有一天會懂得善加靈活運用，剛開始認識數字時要請各位留意，貫徹這項做法。

另外，孩子在確實牢記數字之前，請不要添加「片、本、冊、隻、頭」之類的量詞，只要說「狗有5」，單純表達數字即可。

1－日文的「4」有兩種唸法，作者認為剛開始應該只教最常用的那一種，以免孩子學不會。後面「7」的例子亦然。）

數的三者關係要一致

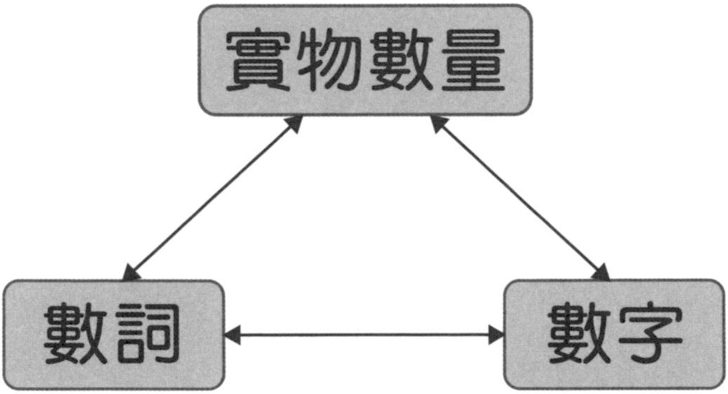

▲要小心讓數量和數字一致。

14 學習文化、禮儀和社會規範

4～6歲

兒童也有打招呼時會欣喜若狂的時候，開心模仿周圍大人互相寒暄的用詞，像是「我回來了」、「歡迎回來」和「失禮了」等等。這是想要適應土生土長的國度、地區、文化和習慣的本能在背後操縱。

另外，到了4歲、5歲之後，體察和同理自己以外之人心情的能力就會萌芽，而且第一次能夠自動自發說出「對不起」。

要讓孩子能夠像這樣在對的時機正確打招呼，身為模範的大人就必須展現正確的行動。

假如出外吃飯離開餐廳時，父母能夠主動說出「真好吃。請容我們擇日再來拜訪」，養出來的孩子自然而然也會懂得這樣說。可見我們做父母的也是珍貴的環境之一。

❇ 跟不同年齡的兒童互動讓自家孩子成長

近來在少子化之下有許多孩子是獨生子，跟不同年齡的兒童互動愈來愈不稀奇。蒙特梭利園的特徵之一就在於「**混齡教學**」。

相對於以大班、中班和小班橫向劃分的「**分齡教學**」，混齡教學則比較像是將3歲以上的大班十人、中班十人、小班十人混編成一個班級。這個年齡層的孩子看見年紀大一點的孩子，就會模仿及成長，所以「混齡教學」相當有效。

另外，大班學童是照顧者，要照顧小班學童，所以孩子可以透過這三年，體驗長男、次男和么男三種角色。

「要溫柔對待小孩子」，大人這話說得簡單，但若沒有年長孩童如溫柔對待自己的親身體驗，孩子就會「不曉得該怎麼溫柔待人」。

從這層意義上來說，我希望蒙特梭利園以外的機構也引進混齡教學，但若教師不夠有技巧，班級就維持不住，而且年齡造成的體力差距也很大，可能會有危險。或許就是因為這樣的背景因素才難以推廣。

不過，就算沒能提供混齡教學的環境，父母也可以主動在附近的朋友和親戚聚會的地方，儘量跟不同年齡的孩子互相接觸。我們要預習自家孩子真正的實力會如何成長。

15 孩子成長教學法關鍵字是「3M」

孩子在敏感期到來時想要挑戰新的活動，卻往往苦於不知道做法。

遇到這種時候，有個教學方法可以提升孩子的能力。我們蒙特梭利教師會活用這項技巧，請各位務必也在家裡「模仿」一下。

3M

「要看好喔」的M。

「等一下喔」的M。

「我再做一次，要看好喔」的M。

（譯註：這三句話開頭的日文發音都是M）

❋之1「要看好喔」

第一個的「要看好喔」是在孩子的面前做給他看。這時要注意的地方是「慢慢做」，「用慢動作示範」。

兒童以視覺捕捉事物和明白那是什麼的速度遠比大人還要慢。那麼，各位覺得是慢了多少呢？

答案竟然是慢了**8倍**之多。因此，就算大人以平常的速度示範，孩子的眼睛也跟不上。

假如我們以8倍速觀賞ＤＶＤ，想必會完全搞不懂內容在演什麼。孩子的情況就跟這一樣。

據說準確捕捉移動目標的動態視力會在6歲以後發育成長，請各位記得在這之前凡事都要慢慢示範。

還有，**示範的時候要從頭到尾專心示範**。兒童還沒辦法同時活用兩種功能。因為不能「同步」，所以要是在吃飯時打開電視，眼睛和意識就會專注在那邊，手就停著不動了。

要完整示範步驟和行為，就要「動手不動口」及「動口不動手」。孩童的耳朵、眼睛和手部沒辦法同時動起來，要看的時候就只管看，要聽的時候就只管聽。

❇ 之2「等一下喔」

接下來的問題是，當父母示範做法時，孩子會在中途插手要做。這時就要記得說「**等一下喔**」，要他稍安勿躁，再示範到最後。這樣會猛烈壓抑他想做的心情。孩子在等待的期間，心中就會被想做的心情占滿（這非常重要，是最困難的地方）。

這樣既可以讓他知道「要做的事自己選」，也能培養出懂得等待的孩子。接下來再告訴他：「**讓你久等了。現在輪到你了，要做做看嗎？**」

題外話，最近「**等不及的孩子**」與日俱增。以前的家庭兄弟眾多，等待是天經地義。假如在大人說話時插嘴就會挨罵：「現在正在說重要的事情，給我乖乖等著！」然而在少子化的當今，獨生子稀鬆平常，搞不好整個家族當中只有一個孫子的情況也不罕見。如此一來，就會變成名符其實的「**孝順孩子**」，事事都以孩子為中心，於是就造就了沒辦法要孩子等待的環境。

或許這以一個社會現象來說無可奈何。不過，想要引導自家孩子真正實力的家長，請記得要勇於「讓他等」。

以前……

現在……

❇之3「我再做一次，要看好喔」

繼示範做法，要孩子等待之後，終於可以讓他做了。但因為是第一次，所以通常會失敗受挫。

這時父母往往會親自動手糾正：「這裡要這樣做、這樣做。」即使沒有動手，也會開口糾正：「啊——那邊不行不行不行。」但是，這樣是不行的。

孩子也有自尊心，劈頭被言語否定就會受到傷害。另外，就算聽到父母嘴上說要改，孩子也無法理解為什麼會不順利。那該怎麼教才好呢？

正確答案是說：「**我再做一次，要看好喔。**」跟剛開始一樣示範給孩子看。絕不要「糾正卻不教」，而是「**教了還要教**」。

尤其是孩子受挫的地方，更要留心慢慢示範。要記得再做一次給他看，「**讓他**

自己發現」自己的做法哪裡不對。

請各位務必預習以上的「3M」，再教自己的孩子。這樣一定會獲得前所未有的效果，親子的信賴關係也會不斷加深。

16 從蒙特梭利教師身上學到的三大祕訣

現在要告訴各位我們蒙特梭利教師教學時運用的技巧，那就是教師的「身體位置」和「用字遣詞」。

① 要坐在慣用手那邊

剛開始教小朋友時，**要挨近坐在那個孩子的慣用手那邊**。

因為要是沒坐在慣用手那邊，**大人的手背就會像百葉窗一樣變成遮蔽物，孩子就看不見必須示範的精密手藝技巧了**。

另外，要教孩子東西時**最差的位置關係在「對面」**。為什麼對面不行呢？因為要是在對面教手部動作，看在孩子眼中就會是統統顛倒。5歲左右之前的孩子沒辦法從反方向思考，一定會失敗。

②斜後方四十五度

假如孩子開始進行活動，就要從孩子的視野中消失，以免妨礙他專心。但是，孩子才剛學沒多久，會出現不懂的地方。這時就要馬上再示範一次，位置要在孩子斜後方四十五度的地方。

③要做做看嗎？

完整示範做法之後，一定要問孩子：「**你也要做做看嗎？**」以表尊重。要不要做就交給孩子判斷，培養他自主選擇的能力。

有時他也會說「**不要**」。遇到這種時候，就說：「**我知道了，下次我們再做吧。**」

孩子有時是真的不想做，有時則是不知為何今天就是提不起勁來。就算勉強也沒有意義。

17 教具和玩具有什麼區別？

蒙特梭利園的「**教具**」整整齊齊排列在櫃子當中。孩子從中自由挑選，拿去自己的桌上，盡情專注於「工作」，等結束後再放回原來的櫃子裡，如此重複下去。

就如28頁說明的一樣，教具在蒙特梭利教育當中也很重要。那麼，教具跟玩具的區別是什麼？

首先，玩具是以討孩子歡心為目標，相形之下**教具則是以幫助孩子成長為目標**，這就是明確的差異。而且，每個教具也各有固定的使用方法，跟可以任意處置的玩具涇渭分明。

經常有人問我：「我想在家裡採用蒙特梭利教育，是不是一定要購買專用的教具呢？」

的確，蒙特梭利園使用的教具擁有真品才具備的魅力。不過一方面價格昂貴，而且就算有了教具，如果父母不了解教具的製作目的是要如何幫助孩子成長、該怎麼操作，就沒有用武之地了。

反過來說，只要父母學習兒童成長階段的知識，斟酌目標置放物品，哪怕是均一價商店買來的東西，也能變成出色的「教具」。

尤其是0～3歲的階段當中，更是有很多維繫日常生活所需的活動，所以家中的生活用品會脫胎換骨變成教具。

孩子面對自己的成長課題時，會拚命做完「上天給他的功課」。

屏氣凝神堆疊積木、用螺絲起子將螺絲旋緊很多次，大人看到只會覺得像是在玩。不過，他們的能力會在這一瞬間不斷成長。

「真是的，我家小孩老是玩同樣的東西。」雖然父母會有類似的感嘆，但其實專心玩耍就是他們的「工作」。

❇ 工具的重要性

各位要在家準備協助孩子專心工作的「**工具**」時要注意一件事，那就是將正規工具準備齊全。

比方說，「用剪刀剪紙」這項工作對於練習手眼並用相當有效。這裡使用的剪刀要用真的。

小朋友用剪刀很危險！或許有人會這樣覺得，不過危險的東西要先仔細傳授使用方法和地點再讓孩子使用。正規工具才有的銳利感會引導兒童的專注力。要是工具品質不善，總是一再失敗，孩子就會喪失自信而討厭起這項活動。搞不好上天給他的功課沒能做完，敏感期就結束了。

當我將這番話告訴一個知名大學畢業的醫師後，他就說：「難怪我不擅長用剪刀。」

他在注重教育的家庭受到悉心栽培，但是像剪刀那樣危險的東西會統統收起來，小時候連看都沒看過。

雖然他在小學時很會讀書，東西卻怎麼樣也剪不好，非常討厭上美術課和工藝課。他笑著說：「要是我的手再靈巧一點，就會想要去腦外科了。」

不過，雖說是正規工具，也必須要注意尺寸、重量和其他要素。

正規工具再好，將裁縫用的裁縫剪刀給孩子，也會連刃口都打不開，沉重到無法靈活運用。必須配合孩子手掌的大小，選擇適合手部成長階段的正規工具。

這時要請各位仔細觀察自己孩子的手成長到哪個階段。用剪刀剪東西的聲音稱為「喀嚓喀嚓」，剛開始孩子只會「喀嚓」剪一次，所以用輕薄柔軟的大型紙張一定會失敗。我們要把明信片這樣的硬紙，剪成寬度5公釐的細長短箋，再讓孩子剪剪看。

這麼一來就一定可以順利剪好。孩子順利剪好之後就會重複再剪。在重複的過程中會愈來愈順利；更順利之後就會產生自信；產生自信之後就會想要挑戰下一個步驟。

像這樣配合兒童成長準備工具及其他微小的援助，就是蒙特梭利教育所說的整頓環境。

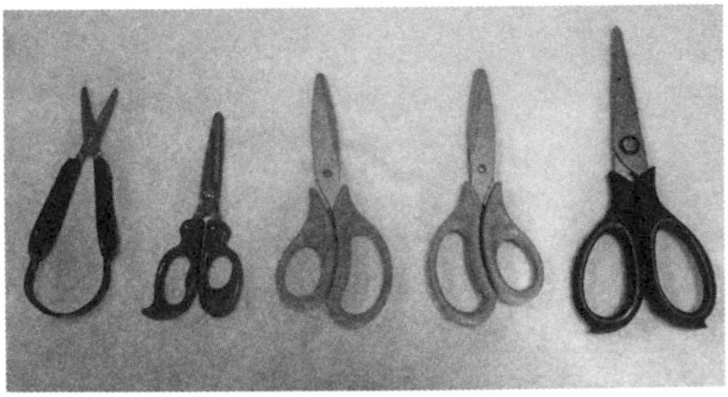

▲配合手部的成長準備剪刀！

Column 左撇子應該矯正嗎？

家長經常問我：「這孩子好像是左撇子，矯正會不會比較好？」其實這段時期的孩子會靈活運用雙手。

從腦科學的觀點也可以知道，使用雙手可以帶來大量刺激。樂器有益於腦部發達，或許就是這樣的理由。

有一個擔任腦外科醫師的父親說：「手術時能夠使用雙手是很重要的。只不過，日常生活當中許多環境對右撇子比較方便，記得遞鉛筆、湯匙和其他東西的時候要用右手。」

假如你的孩子剛開始用右手做事，開始專心之後換成左手，就是左撇子。這時不要試圖硬性矯正，使用左手才能開創豐富的人生。

18 正確選擇玩具的方法，玩具可分為兩種！

前一節也說過，玩具是用來逗人開心，蒙特梭利教具則是基於協助孩子成長此一目的，這一點就讓兩者涇渭分明。

不過，玩具在兒童的成長上扮演重要的角色。請各位務必預習正確的選法，選擇玩具成為孩子的力量。

玩具大致可分為**開放式和封閉式這兩種**。開放式玩具以積木、樂高和娃娃為代表，能夠無限地玩下去。封閉式玩具以拼圖為代表，玩到某個程度就會得出結論，以結束循環為目標。**兩者都是孩童成長所需，要記得在家裡均衡擺放。**

我的沙龍會配合孩子的成長，放置五花八門的拼圖。為什麼要準備這麼多呢？因為拼圖這種遊戲，就算大人和教師沒有指出錯誤，也能自己察覺到。而且可以自行修正再拼好，獲得獨力完成的成就感。這就叫做「**自動修正錯誤**」。

剛開始來沙龍的孩子，我們會先推測他的程度再提供適當的拼圖。因為我希望孩子多方嘗試、憑自己的力量完成，從而獲得小小的成就感，覺得「啊，我在這裡應該也能做得到」。

假如那個孩子將拼完一次的拼圖再次打亂，開始重拼，就證明拼圖符合其成長的程度。

我建議各位也可以在家裡準備各式各樣的拼圖。不過，要是買到程度較難的拼圖時，因為對孩子來說有點早，所以要**請各位放在櫃子的上方**。等過了一陣子之後再拿出來，通常就可以順利拼完。

拼圖難歸難，但若大人出手幫忙，孩子就會習慣要人陪著做，沒辦法單獨玩拼圖，造成反效果。

我們要擺放程度適中的玩具，讓孩子能夠自己努力設法完成。

✲ 玩具也要親自嚴格挑選

親自選擇玩具也會提升自己作主的自主選擇能力。因此，要是玩具盒裡堆積如山，或是放在高處，沒有拜託大人就選擇不了的話，這種能力就不會成長。

考慮到孩子現在的成長，最好放兩種玩具，一種是適合現在的，另一種則是適合下一階段成長的。

玩具盒每個季節都要盤點一次，已經功成身退的幼兒玩具，就讓給年紀更小的孩子，為孩子營造適合自己挑選的環境。

說起來很主觀，被太多玩具養大的孩子，感覺上就是會喜新厭舊、見異思遷。被玩具牽著鼻子走，不懂得自己花工夫想出玩法。就因為美中不足，孩子才要費盡心思發揮創意找樂子。

✲培養自主選擇能力

一個人要生存，「自主選擇能力」就相當重要，不過就如前面所言，要從幼時的習慣開始培養。因此單憑玩具還不夠，其他東西也要花心思，讓孩子能夠自己挑選。

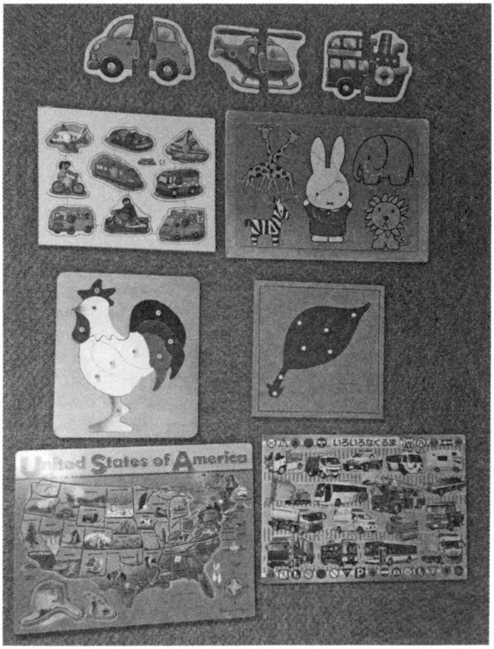

▲配合程度的各種拼圖。

「自己不想做就沒轍了」、「出手幫忙就會被揮開，惹他不高興」，養育這種孩子時，只要同時利用「自己想做的動力」，孩子真正的實力就會成長，同時爸媽焦躁的心情也會消散一大半（笑）。

於是，「兩者擇一」的技巧就派上用場了。

家長要極力讓孩子自己選擇。因此，鞋子也好、襪子也好、襯衫也好、褲子和裙子也好，都要減少數量，統統以兩種為一套。再問孩子：「今天要哪個？」讓他選擇。單憑這招就能養成自己選擇的習慣，自我肯定感也會提升。

關鍵在於「只限兩個」！5歲以下的小朋友，很難從三個以上的選項挑選「要哪個」。

而最糟的是大人完全沒有提供選項，就問孩子「要怎麼做」。我們別忘了學齡前兒童答不出這種問題。

❇ 培養肯定感的如廁訓練

如廁訓練也要注重「適當時機」，需要等身體成長後才能脫掉尿布。那麼什麼時候才是適當時機？

首先是「能夠自己走到廁所」，其次是「空出如廁的間隔」，再來是「懂得自己說想要尿尿」。

這三個條件齊全後就可以開始了。

只要如廁訓練也採用「兩者擇一」的技巧，就能開心進行。首先就從去買自己的褲子開始，讓孩子挑選自己中意的褲子。

接著再問孩子：「今天要穿尿布呢？還是要穿『哥哥的褲子』呢？」這樣就會產生自主選擇的自覺，獲得自我肯定感。

Column 體驗拆解

我們年幼時看過不少壞掉的物品。像是老舊的時鐘、壞掉的電視，以及被扔掉的自行車等等。這些到底是怎麼做成的？於是就把東西翻過來，使用螺絲起子和扳手拆解，發現構造原來是這樣的，諸如此類的領悟經驗不勝枚舉。就因為我有這樣的經驗，所以幾乎所有壞掉的家電和家具都會修。

然而，現在的電器產品過於追求複雜化和極小化，就算拆解也不曉得構造。這個社會愈來愈難獲得領悟的經驗，體會不到「原來如此，是這樣嗎」的感覺。從這個觀點來看，蒙特梭利教具是領悟經驗的寶庫，能以相當簡單的方式了解原理和原則。

要是各位家裡也能給孩子機會，拆解不要的玩具和要丟棄的瓦楞紙箱，說不定可以引導出孩子想要追求原理和原則的慾望，發現意想不到的能力。

第4章

孩子會在「正確的成長循環」中日益成長！

～強悍與溫柔，學習活出人生的能力

1 人生當中需要的兩種肯定感

我現在在日本全國各地演講，經常有人問我：「老師，教養孩子最重要的是甚麼呢？」我總是回答：

最重要的是肯定感，說得更白一點，就是**「自我肯定感」**和**「對社會的肯定感」**。

自我肯定感絕非自負，而是樂觀的自信，覺得「無論在什麼地方、什麼狀況，我都可以應付得來」。處於認可自身的存在，喜歡自己的狀態。假如具備這項特質，**就能與他人競爭，也不會受他人的評價左右**。

就算是在學成績優異的孩子也好、再怎麼擅長運動的孩子也好，人外有人，總有一天自己的自信也會動搖。遇到這種時候，無論別人的評價如何，只要有一顆相信自己的心，在自己心中認定「我辦得到」，就一定可以突破障礙前進。

對社會的肯定感則是對他人樂觀的信賴感。世界上的壞人並沒有那麼多，假如有什麼困難，只要問別人就行了。

我堅信一個人只要有這兩項特質就能活下去。反過來說，要是沒有學到這些，就算變得再怎麼有錢、畢業於多麼出色的大學，也無法變得幸福。

年輕族群自殺的悲劇也一樣，只要有自我和對社會的肯定及信賴感，相信一定可以防範憾事發生。

那麼，這兩種寶貴的肯定感，什麼時候能學會，要怎樣學會呢？

毫無疑問，基礎要在0～6歲的幼兒期建立。

✲ 產生兩種肯定感的成長循環

「孩子擁有自行成長茁壯的能力」，相信這份能力並伸出援手，這就是蒙特梭利教育的基礎。要發揮孩子真正的實力，就需要「正確的成長循環」。

請各位看看彩頁的⑧。

①首先，孩子會對現在所處的環境**感興趣和關心**，並在其間遊走。

②然後孩子會自行**選擇**幫助自己成長的活動。

③**專心重複**進行那項活動（專注現象）。

④藉由進步獲得**滿足感和成就感**。

⑤提升活動的精確度，**習得**維生所需的能力。

⑥經過這一連串的流程後，「**獨力完成**」的自我肯定感就會萌芽成長。而且還會有一顆**挑戰下一件新事物的心**，新的成長循環就開始運轉了。

正確的「成長循環」是由以下六道流程組成：

①感興趣

孩子會先尋找自己感興趣和關心的事物，因為他們的本能知道「現在的自己必須成長的技能」。這就是「上天給他的功課」。

第一次來我沙龍的孩子，剛開始也會躲在媽媽身邊。不過，當他知道這裡是安全的地方之後，就會開始在沙龍內**遊走**了。

② 自行選擇

馬上就要自行選擇工作了。孩子的「正確成長循環」第一階段是「先感興趣和關心，再自行選擇」，然後才展開所有行動。並非受人強迫去做，自己如何選擇，能否做主，這才是一切的開始。

這不僅限於蒙特梭利教育，更是人類成長的泉源。

以號稱高爾夫球界英雄的老虎伍茲（Tiger Woods）選手來說，雖然父親想要讓老虎伍茲打高爾夫球，卻絕不會叫他「去打」。

當時年幼的老虎伍茲，一直看著父親在車庫裡開心玩著推桿遊戲的模樣，就說「我也想打」。

但是父親卻說：「你年紀還小，不行。」遲遲不肯讓他打。即使如此，老虎伍茲還是一再懇求，說什麼都想要打，最後父親就說：「那我就從基礎教起。」於是他的高爾夫球人生就開始了。老虎伍茲本人打高爾夫球是由他自己決定，這一點具有很大的意義。

同樣的話，活躍於美國職棒大聯盟的鈴木一朗選手之父「鈴木宣之先生」也說過。據說宣之在棒球打擊場日復一日開心地打球給一朗看，就等著一朗有一天告訴他：「拜託也讓我打。」

想要以世界級專家身分在嚴苛的競爭當中登峰造極，就要以「喜歡高爾夫」或「喜歡棒球」為根本，再從「自行選擇」出發，而非別人告訴你該怎麼決定，才能追求更高的境界。

③ 專心重複進行

雖然沙龍當中放了各式各樣的教具，孩子卻能自己從中看出「這個似乎對自己的成長有益」，再拿起一個教具。然後就把這放在桌上，開始「工作」。

拼圖的章節當中也提到，假如難易度不符合自己的成長階段，玩過一次就會覺得滿足而不會再玩。然而，要是吻合自己現在的成長需求，則會專心重複多次（49頁）。

當專心重複進行的工作做完時，孩子就會露出相當美妙的表情。蒙特梭利所說的「**打從心底展現的笑容**」，指的就是這個。

我最小的女兒在5歲時也發生過這樣的事情。

那一天正是冬季，我們夫妻倆帶她去橫濱的美術館，美術館的旁邊不遠處有個結了冰的水池。

投石破冰後會濺出碎屑和水花，感覺很好玩，於是女兒就完全著迷了。儘管我和太太都覺得天冷想回去，女兒卻相當認真，一個勁兒不停丟石頭，丟到手都發紅了。

「算了，也好。這也是專注現象的一種吧？」我心想，於是就看她繼續丟。等到女兒丟了三十分鐘滿意之後，就主動說：「我玩夠了，回去吧。」

當時女兒的笑容，我一輩子都忘不了。假如那時我們中途拉她的手回去，就看不到那張笑臉了吧。

各位也要耐心從旁守護，才能看到自家孩子燦爛美麗的笑容。

④藉由提升活動的精確度，獲得滿足感和成就感

小朋友專注的模樣看在大人眼中也相當動人。只要像這樣專心重複進行，就會愈來愈擅長那份「工作」。於是，孩子就會獲得**滿足感和成就感**。

⑤提升活動的精確度，習得維生所需的能力

接下來，學到的能力將會終生受用，就跟一輩子忘不了自行車的騎法一樣。比方說，假如有個孩子反覆拿剪刀剪東西，剪到技巧變得高超，他一輩子都能以高超的技巧使用剪刀，維持這個本領活下去。

另外，提升精確度會讓手藝靈巧，還有可能發揮意想不到的才能。這麼一想就會覺得，擁有這個循環的時期真是美妙啊！

⑥培養自主選擇能力和自我肯定感，孕育挑戰的心態

「**自行選擇，獨力完成**」會孕育出自我肯定感。

從幼時累積渺小的成功經驗，就會培養自信心，覺得「我真是帥呆了」、「我做得真不錯啊」。

假如開始的契機是被父母或其他大人強迫去做，就培養不出這種心態。

自己選擇的活動自己做完，技巧變得高明，這樣才會想要挑戰下一個新事物，也就是湧現「**挑戰心**」。這樣做之後，再開始尋找嶄新的「興趣和關心對象」——帶來這一切的就是「正確的成長循環」。

技巧帶來技巧！

能力培養能力！

自信產生自信！

只要轉動這個循環，孩子自然會逐漸成長。

2 藤井聰太棋士成長的真正祕密

將棋界最年輕的職業棋士藤井聰太在正式比賽中獲得二十九連勝，獨佔日本所有話題，而他也是從「自行決定」開始走上這條路。

藤井棋士在他小學的畢業文集上寫過一篇作文叫〈我與將棋〉，讀了之後就會知道其心路歷程。5歲那年夏天，他的外祖母不知從哪裡拿出將棋的棋盤和棋子。

既然是5歲，那就是正值「敏感期」。他對這段敏感期間偶然遇上的將棋「感興趣和關心」，於是就「自己開始玩了」。

作文當中寫道：「因為上面寫著移動棋子的方法，所以我也馬上就會下了。」

不過重要的關鍵則在於**沒有人教也能自己向前邁進**。因為他獲得了「獨力完成」的

「成就感」。

從此以後，藤井棋士幾乎每天都跟住在隔壁的外祖父母下將棋。能夠「**重複練習**」的環境讓他可說是獲益良多。

雖然外公外婆耐心陪孫子下將棋，但是爸爸媽媽很忙，搞不好沒那麼多閒情逸致可以陪小孩（笑）。

藤井棋士的作文繼續描述道：「不過，我們三個人都不懂重要的將軍法。所以一段時間之後，外祖母就在附近幫我找了間將棋教室。」這就是在幫孩子準備**邁向下一階段成長所需的「環境」**。外婆在絕妙的時機做了準備，知道要開啟孫子更大的可能性。

「待在教室比什麼都開心，於是我就愈來愈沉迷於將棋了。」後來，藤井棋士的才能大為精進，6～7歲時解殘局的實力連職業棋士都無法匹敵。然後就如各位所知，他在14歲2個月時成為史上最年輕的職業棋士，締造正式比賽最多的連勝紀錄。

母親裕子女士在報紙採訪時所說的話就道盡了一切。

「我總是在思考自己能做什麼，讓孩子發現和專注在喜歡的事物上。」夫婦倆決定，「當他沉迷於一件事時就不要阻止」。

父親正史先生也說過：「家裡不知不覺就形成了『任憑孩子喜好』的氣氛。」

總而言之就是「不去妨礙」，讓成長循環穩定運轉，所以才會有現在的藤井棋士。

「讓藤井小弟弟成就非凡的蒙特梭利教育，究竟是什麼樣的教育方法？」世間對這個問題的關注度也提高了。

的確，接受蒙特梭利教育，無疑成了他專注力的泉源。不過，最重要的是支持藤井棋士的父母教養孩子的態度。他們擁有親情和執行能力，**對孩子的成長有正確的認識，並會從旁守護孩子，好讓正確的成長循環穩定運轉。**

就算沒有上蒙特梭利園，但只要父母認真預習孩子的成長歷程，從旁守護孩子，任何家庭都有可能做得到。

❇ 發自善意的舉動妨礙成長循環

只要成長循環正常運轉，孩子自然就會成長。但是請各位小心，循環流程停滯不前的例子很多。這就是彩頁⑧的「**錯誤的成長循環**」。

①周遭沒有喚起興趣和關心的事物

這可能是因為收拾得很乾淨。反過來說，要是東西放得太過雜亂，也會不曉得該選擇什麼才好。

②自己無從選擇

自己沒有選擇的權利。父母會搶著幫忙，只讓孩子做大人提供的活動。

③妨礙孩子專心

打斷孩子做事，給他不一樣的東西，由大人代勞。

④得不到滿足感和成就感

⑤自己無法學到維生所需的能力

⑥自己無從選擇。自我肯定感低落，不敢挑戰新事物。

因此，就無法進行下一個循環。

現在各位知道最大的障礙是父母和周圍的大人了吧。**發自善意的舉動到頭來通常都是在妨礙。**

「既然危險就收拾乾淨吧」、「這個好像對孩子比較有益，讓他做做看吧」、「孩子一個人在做，我跟他一起弄吧」、「孩子好像做不到，我來代勞吧」，就是這種感覺。

「來，快去做這個」、「接下來做這個」，要是由父母做選擇，情況就會更惡化。

要是陷入錯誤的成長循環，就會塑造出事事都無法自己選擇，只能等待指示的人。

遺憾的是，這樣的孩子正在增加當中。他們只要接受指示就會好好做，看起來像好孩子，這正是麻煩的地方。

另外，擅於留意孩子的需求，**搶著幫忙的媽媽也要小心**。

每當孩子想要拿什麼時，媽媽就會察覺，問道：「要這個嗎？」「這次要這個？」

這樣一來孩子就只會說「是」和「不是」，沒多久就會用起父母的手來，也就是抓著父母的手說要做這個。上述的情況就叫做「起重機現象」，有類似徵候的孩子也正在增加當中。

孩子必須自行選擇的時期不讓他自己選，**搶先代勞**，哪怕是發自善意的舉動，但是說得嚴重一點，**這在廣義上也算是虐待**。

做不是自己選擇的事情，有時會跟自己的興趣不合，以至於無法專心投入。

因為不是自己選擇的活動，所以既不能專心，也不會反覆練習。於是就學不到技能；一旦受到挫折，就更不會反覆練習了。結果就會愈來愈不滿足，也培養不出自我肯定感。

就算可以勝任那項活動，但因為是被迫要做或由別人幫忙做，所以就培養不出自我肯定感。既然連自己都沒有興趣，也就不會參與下個階段的新活動。如此一來，成長循環就不會轉動。

看了這些覺得如何呢？請各位回顧一下家裡大人的應對方式，是否適用於「成長循環」。

要玩玩看
將棋嗎？
飛
將移動棋子的方式寫出來！
這樣就可以一個人玩！
外公，
今天也來玩吧！
反覆對戰
就會愈來
愈熟練。
外公
已經沒有辦法
贏得了你了。
要不要去將棋
教室看看？
挑戰
下一個
階段。
我贏了！

3 大人教壞孩子的五項行為

我目前為止跟兩千個以上的家庭個別諮商，看過各式各樣的家庭，將許多家長經常做出的錯誤行為歸納如下。請各位一定要回顧平時跟孩子的關係，確定自己沒有這些毛病。

① 大人催促小孩

孩子以自己的步調慢條斯理開始做，大人卻常常以自己的步調催促他「快點，快點」。請各位要想到孩子的步調比大人慢了八倍。

② 大人搶先去做

孩子現在自己動手「要做」之前，大人往往會搶先去做。要是這種情況一再發生，孩子就會等著大人幫忙弄，不會自己做了。

③ 大人打斷小孩做事

明明孩子專心重複做同樣的活動，大人卻憑自己方便強行打斷，說：「這個已經做夠了，去做其他活動」、「時間到了，換下一個活動」。要是這種情況一再發生，孩子就會覺得「反正大人會要我放棄」、「反正大人會要我做其他事情」，沒有專注在一件事上做到底的進取心。因為學才藝和補學科的行程表過於密集，所以多半會有「被人牽著走」的傾向。

④大人幫小孩代勞

「這個很危險」、「很辛苦的」、「你還辦不到」、「媽媽可以做得比較漂亮」，大人以各種類似的理由代替小孩做事，這就叫做**代勞**。孩子會在關鍵的敏感期失去成長的機會，想要自己做的進取心也會被奪走。

⑤大人置之不理

假如大人對孩子說「做什麼都好」就置之不理，什麼也不教，孩子就會不曉得該做什麼，覺得不安。以保障自由為前提從旁守護，跟**放任**完全是兩回事。

大人常犯的 5 項錯誤！

① 催促

② 搶先

③ 打斷

④ 代勞

⑤ 置之不理

類似這樣大人發自善意常會做出的行為，恐怕會停止孩子的成長循環，必須事先多加預習。

4 撥出「觀察日」

要核對成長循環是否正確轉動，就要定期設置「觀察日」。

「觀察日」是今天單單一天不出手和開口幫忙，看看孩子觀察其行動的日子。

只要能夠仔細觀察，就會知道孩子現在的發育階段，清楚看出障礙是什麼。父母將會發現，「這個孩子現在對這種事感興趣啊」，或是「因為這裡受到妨礙才沒能做到啊」。

家長在每天忙碌的時光當中，還是需要出手和開口幫忙。因此兩個月一次也行，請各位撥出專門觀察的日子。

這時千萬別用「你是不是做了什麼壞事」的眼光看他，觀察並不是監視

（笑）。

假如父母先預習教養孩子之道再觀察，效果就會倍增。「這個年齡層的孩子會採取這樣的行動，哎呀呀，我的孩子是怎樣呢？」「看來敏感期是真的呢」，父母一定會有類似的新發現，能夠以新鮮的眼光看孩子。

5 讓成長循環加速的讚美法

蒙特梭利教師不會過分誇獎孩子。因為**孩子本能知道自己成長的課題，自行選擇及完成是為了自己**，就算完全沒有受到大人讚美，也必須進行活動。因此，**無條件的誇獎對孩子是失禮的**。

孩子對父母也是同樣的態度。原本孩子就會出於自發的興趣和關心而開始做，不會期待受到父母的誇獎。

孩子當然會做完「上天給他的功課」，內心或許還會覺得「大人那麼吵是在做什麼」。

不過，最近讚美教養法成為主流，父母和祖父母過分誇獎的戰爭（?!）開打了。孩子每次做什麼事情就會拍手喝采、歡呼喧鬧。那個孩子會不會當場愣住呢？

過分「誇獎」會變成「戴高帽」。

戴高帽就會還想再做，這是大人的企圖。因此，敏銳感受到父母有所企圖的孩子，就非得要別人幫他戴高帽，或是只在大人看到時做那項活動，其中甚至還會出現做到一件事就會要求鼓掌的孩子。

想要獲得父母讚美而拚命用功的孩子，沒有發自內心湧現的進取心，多半欠缺自主性；一旦成績開始掉下來，往往就會煞不住車。因為靠他人評價而活的相對肯定感，會隨著評價下滑而低落。沒多久就會看別人的表情和臉色行事。

這下子，成長循環既不會加速轉動，也培養不出真正的自我肯定感。

那該怎麼辦才好呢？

關鍵就在於「認可」。

孩子知道自己該做什麼才能讓自己成長，因而對那件事情感興趣、專心投入。所以在做完活動時，臉上就會洋溢滿足感。

「我剛才看到囉，是你一個人完成的」、**「你努力到最後了呢」**，父母只需把握這個瞬間，認可他的表現就好。

無須過分的掌聲和歡呼，請將認可的話語傳達給孩子，囊括這樣的訊息：「你獨力將自己選擇的活動做到最後，這件事本身就很優秀呢」、「爸爸和媽媽一直在看著你努力喔」。

這不是對孩子，而是**對一個人表示敬意**。

認可的對象包含過程和情感，而不是只聚焦在結果上，這跟「戴高帽」完全是兩回事。

累積幼時「獨力完成」的微小成功經驗，就能培養出自我肯定感，促使一個人再挑戰新的活動。

讓成長循環加速更快的是「**同理**」。「認可」的最高級是「同理」，也就是認可對方的人格，體貼對方的心靈。

「我看到了喔。你獨力完成了！好開心啊。」

「你努力到最後了呢！媽媽也很高興。」

相信這些同理的言詞，會變成前往循環下個步驟的潤滑油。

「獨力完成很了不起。有從旁守護的人在，有為自己的努力開心的人在。」這也會變成「對社會的肯定感」的孕育來源。

獲得認可和受到同理的孩子，必定是由懂得同理的大人養育。相信他們會培育出體貼人心的人。

6 讓孩子成長的斥責法

蒙特梭利教育很少有「斥責」的概念，但我認為有時也需要斥責。

要讓孩子在往後的人生活下去，就要以「斥責」認真傳達正確的價值觀，表明無論如何非得告訴孩子的觀念，以及必須做得正確的行動。

斥責時要「**嚴厲**」斥責。孩子感覺到大人態度認真、神色恐怖、聲音宏亮，就會明白「這件事不能做」。以上現象就稱為「**社會參照**」，指的是觀察周圍大人的氣氛，認識社會的規範。

比方說，假如自己的孩子遇到紅燈衝過去時沒有責罵他，以後說不定會因交通事故而死。所以，父母要拚命嚴厲斥責。

看到平常溫柔的媽媽變臉斥責的模樣，就會知道「遇到紅燈必須停下來」，這樣子就會逐漸認識秩序和規範。

另外，「**當場斥責**」也很重要。孩子活在現在、當下。尤其是3歲以前的孩子，無法做到「有意識的記憶」，不當場斥責就沒有效果。

就算事後斥責，回到家才說什麼「〇〇，剛才是紅燈喔」，孩子也只會呆愣在原地，不曉得媽媽在氣什麼。

責備孩子時，**首先要記得最重要的是時機**。

還有，斥責時要「**簡潔有力**」，不要喋喋不休。這也是重要關鍵。

聽說最近很多父母在斥責時會條理分明，諄諄告誡。話雖如此，但若變本加厲，孩子就會強詞奪理：「為什麼？為什麼不行？」父母有時也需要說「不行就是不行！」

無論講幾次也聽不懂時，「耐心斥責」也很重要。責備是為了讓自己的孩子將來一帆風順，要是放棄就沒辦法傳達了。

最後，夫妻之間的善惡價值觀也要記得統一。假如媽媽和爸爸說的話有所差異，孩子就會混亂。

夫妻在不同的家庭環境中長大，經常為了教養孩子的價值觀和生活習慣起爭執。

但我希望各位這時不要感情用事，切勿像搞戰略會議一樣左右自己孩子的人生，而是要深入交談，磨合彼此的價值觀。

第5章

孩子長大成人之前的家長預習

~人不管到幾歲都會持續成長！

1 孩子在24歲前會這樣成長！

各位讀到這裡，相信已經知道0～6歲的幼兒期有多麼重要。然而，孩子會不斷成長下去。

這一章將會替各位介紹6歲以後的事。

現在請各位看一下彩頁⑤「發展四大階段」的圖。假如能在教養長期之啟航前，以有條有理的方式將「發展四大階段」記在腦子裡，就能像是擁有引導孩子前進方向的羅盤一樣。最後我們要再好好預習一次。

✲ 6～12歲　兒童期（國小）——小心黨群期

從6歲到12歲正好是讀國小的這六年，是比較平穩的成長時期，身心都很安定。這段時期的孩子可以儲存龐大的記憶，而且記得的東西終生難忘。國中和高中時學過的東西幾乎都忘了，但小學時學過的東西還牢牢記得，原因就在於此。

這就表示，要用功就要趁這段時期！

以電腦來比喻，就是先在6歲之前製造高規格的硬碟，再在6～12歲時將龐大的資訊灌進去。這就是必勝模式。

這段兒童期包含國中入學考在內，都會讓孩子獲益良多。從某個意義上而言，可以說是與他的成長相稱。

另一方面，從心理層面上必須要注意的是，小學五、六年級時會突然進入「**黨群期**」。

以往都是在家附近，基於家長之間感情融洽的物理原因結交的友誼，這段時期卻是**價值觀吻合的同性、同年齡層朋友**成群結隊。

女孩子跟嗜好相近的人在一起會變得開心，朋友關係也多半會大換血。男孩子也會跟興趣相符、聊得來和有趣的小伙子結交。經常騎著自行車穿過商店街的孩童，大多就屬於這個年齡層。

小學生總是以團體為單位玩耍和行動，有人就將這種集體行動譬喻為黨群，命名為「黨群期」。

團體成員擁有專屬的祕密，合作無間，對外有時也會採取封閉和排他的行動。這樣的背景因素下，就會開始排擠和欺負同伴。

電影《站在我這邊》（Stand by Me）拍的就是這段時期。同伴之間擁有祕密，把分享看得很重要。要是有首領和副手在，就會在團體當中決定角色分配。要在這樣的人際關係當中，練習如何面對人生的風浪，也算得上是這段時期的課題。

女孩子則是以前很喜歡爸爸，把家人放在第一位，結果突然變成「朋友最重要」。於是很多爸爸也會受到打擊，感嘆「女兒以前明明那麼乖」。不過這是要準備離開父母自立，請當作是為了出社會的排演練習。

這段時期所有的孩子或多或少會出現上述現象。父母需要做好心理準備，明白這是自立的開端，自己的孩子也要進入青少年期了。

該注意的是，這段時期要開始上補習班，準備國中入學考。假如逼孩子離開要好的玩伴，讓他一個人去補習，有時會出現相當強烈的反抗。

不過，日本的首都圈正好相反，假如要好的朋友開始上補習班，也有愈來愈多小朋友會說，我也要去補習和參加國中入學考！

有國中入學考就會有補習。假如沒有父母獻身照料，從整理講義、接送上下學到做便當都勞心勞力就用功不下去，這也是事實。父母要維持晚上超過十點才回家的吃重行程，就會忍不住告訴孩子：「你只要用功讀書就好了。」幫他打理身邊周遭的一切。

而在考試結束之後，就算突然叫孩子「自己做」、「幫忙做點家事」，也會因為以前統統是由別人幫忙做，而變成無理的要求。即使忙著補習，也要請各位幫孩子養成習慣，讓他逐漸懂得自己打理身邊周遭的事情。

❈ 12～18歲　青少年期（國中、高中）——變化劇烈的時期

從12歲到18歲的國高中時期是「青少年期」，是變化相當劇烈的時期。

青少年期骨骼會明顯成長，相反的內在則是既脆弱又天真，足以稱得上是「**新**

生兒」。身體方面也會迎來龐大的變化，女性是初經、男性是夢遺，結核和其他重病也好發在這段時期。

我們大人往往以為「孩子的身心也會隨著年齡漸長變得健壯」，不過這段時期的孩子就像是蛻殼的螃蟹一樣，處在危險的狀態。

這個年齡層的孩子在精神方面會傾向於重新審視自我，相當在乎別人怎麼看待自己，所以會非常害怕跟朋友格格不入。

他們會為了自己理想和現實間的鴻溝而陷入煩惱，反抗父母和其他權力的動力也會增強。這份動力會引人走上歧途，以家庭暴力和家裡蹲的形式呈現。

然而，要是父母不知道孩子心中起了這樣的變化，就會試著用跟國小時同樣的方法接近他。而當孩子反彈時，就只會覺得「明明孩子以前那麼乖」、「好像變了一個人」。

所以各位要牢牢記住，**父母的影響力會隨著年齡增長而降低，取而代之的是朋友**。另外，孩子會對社團和學校其他團體的學長、了解自己的學校老師和補習班老師敞開心扉。

只要想到進入這個年齡層之後，父母的掌控或許就不再管用，就會明白這段時期**孩子周遭的環境相當重要**。

從這個觀點來看，替準備國中入學考的孩子**選擇會帶來好影響的環境**，我認為是合乎道理的。

另外，孩子到了這個時期之後，個性和性格就會變得鮮明，也會有很多地方讓大人覺得「跟我們那個時代差真多」。

於是父母就會強烈感覺到自己沒有養出心目中「無比乖巧的孩子」。有時孩子也會無法融入學校和團體當中。

我認為，以後的孩子與其需要在團體當中具備協調性，當個「好孩子」遭到埋沒，更重要的是在團體當中想出獨特的構思，以及單槍匹馬也能行動的能力。

經常有家長會說：「我家小孩就只做喜歡的事情，真傷腦筋。」日本文化當中會強迫一個人要協調發展，偏愛會給人壞印象。然而「偏愛」是件美妙的事情，強烈偏愛一件事情的人物，才會投入改變世界的發明和活動。

青少年期是蝶蛹蛻變成美麗蝴蝶之前的時期，稍微安靜一點從旁守護也很重要。

青少年期不只是自家孩子會有，也是每個人的必經之路，既然是「期」，就會有結束。

假如父母在自家青少年期的孩子有所偏愛，與團體格格不入時，也能告訴他：

「跟大家不同也沒關係，你就做你自己就好了。」這番鼓勵就可以變成心靈最後的支柱。

❇ 18～24歲　成人期（大學、社會人士）——能與父母對等交談的時期

到了18歲以後成人期就來了。青少年期的迷濛莫名一掃而空，為了將來想要從事的職業和自己的使命學習和工作，經過這六年，變成一個完整的人。

以前對父母那麼反抗的孩子，這段時期也能對等交談。

我的孩子在國高中時也愛反抗，現在卻莫名釋懷，還會對我說什麼「爸爸加油」。是因為激越的青少年期才會這樣嗎？我不禁這樣想。

青少年期會痛苦掙扎，等到這段時期過了之後，就能獲得自我獨立生活，轉而

希望這次由自己來貢獻社會。

成人期是從蝶蛹化為蝴蝶振翅高飛的階段，也是有助於出社會的關鍵時期。為了順利迎接這段時期，就要記得好好充實度過上一個階段。青少年期的好孩子要是對父母過於言聽計從，就會造就出到了成人期還無法自立的大人。

為了變成美麗的蝴蝶，就需要充實的毛毛蟲時期，以及周遭大人從旁守護的關鍵蝶蛹時期。

另外，現代社會當中，**父母離不開孩子**的問題也愈來愈多。孩子會在背地裡試圖回應父母的期待。被兒女依賴之後，父母找到自己的存在價值，也就意味著孩子將永遠失去自立的時機。

據說北狐媽媽會在適當時期來臨後恫嚇小狐，讓牠難以待在窩裡，催促牠離巢獨立。這種在嚴苛自然界當中追求自立的簡單教養法，或許我們人類也必須學習。

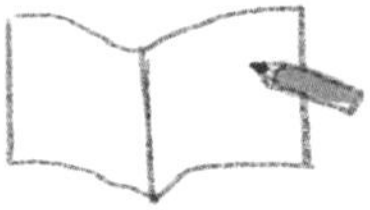

2 人類傾向——24歲以後也會終身成長

變成24歲的大人之後，人類的成長就結束了嗎？

就如之前所言，蒙特梭利發現了限定在0～6歲密集之間出現的「敏感期」，以及到了24歲就會完結的「發展四大階段」。

不過，除了這些之外，她也發現**人類一輩子持續出現的普遍特性**。

那就是**「人類傾向」**。呈現在外的「人類普遍特徵」，與居住的地區、文化、時代、年齡和其他要素無關。

比方說，大人帶孩子來到陌生的場所時，孩子一定會為了知道這裡是什麼地方而走來走去，查看是否安全。這一點大人也一樣。

前往陌生的地方旅行，進入當地飯店的房間時，你會採取什麼行動呢？許多人會先在房間裡到處走動，查看廁所、衣櫃和其他地方。等到發現人身安全無虞後才攤開地圖，核對自己現在所處的位置。

另外，遠古的原始人也會為了確保人身安全採取同樣的行動。這就叫做「探索傾向」。

像這樣探索之後，會發現有食物的地方和危險的食物，於是就會透過言語和文字溝通，將這些資訊傳遞給下一代，所以我們才能過著安全的生活。無論什麼時代，這都是全世界人類日積月累的共通行為。

動物滿足慾望之後就會休息。然而，人類就算滿足慾望之後，精神也會不斷持續思考。

遇到感興趣的勞務時會重複練習以便做得更嫻熟，摸索更多不同的做法，提升技術，就跟在工作的孩子一樣。正因為有這種「**上進傾向**」，現在的文化和技術才得以維繫。而且，人的一生會不斷追求「自我完善」。

前幾天，我去探望住在看護設施的母親時，大廳當中一群超過90歲的老先生和老太太，正在認真努力地畫圖和寫書法。然後就露出滿意的笑容說：「比昨天畫得還好。」那份笑容就跟孩子在沙龍做完工作時的笑容完全一樣。

人類不管到了幾歲都有「上進傾向」，能夠藉由持續的自我努力，開創屬於自己的人生，真令人感動。

後記——「養育孩子就是養育世界」——用體貼的心營造和平的未來

每個人類都希望「和平」。不過，戰火之地會有和平嗎？沒有戰爭的狀況就叫做和平嗎？

我認為和平原本就在每個人的心中。

當內心之中均衡存在「體諒自己的心」和「體諒他人的心」，擁有這份心的人齊聚一堂，才會產生真正的和平吧？

那麼，這種「對自我的肯定感」和「對社會的肯定感」會在什麼時候孕育出來？無疑的，這會從幼時豐富的實際經驗中誕生。

只要我們大人「預習」兒童的成長，為孩子準備豐富的環境，孩子就會搭上

「成長循環」，發揮「真正的實力」，自行成長。然後孩童就會培養出自我肯定感和對社會的肯定感，逐步累積和平的基礎。

「養育孩子是養育世界唯一的方法。」

瑪麗亞．蒙特梭利基於類似的想法這樣說道：

「母親在膝頭上左右國家的命運。」

期盼這本書也能略盡棉薄之力。

藤崎達宏

零歲開始蒙特梭利教育

從家庭落實的教養提案，啟動孩子的真實天賦

モンテッソーリ教育で子どもの本当の力を引き出す！

作者　藤崎達宏
譯者　李友君
執行編輯　顏妤安
行銷企劃　高芸珮、李雙如
封面設計　李東記
版面構成　賴姵伶
發行人　王榮文
出版發行　遠流出版事業股份有限公司
地址　臺北市南昌路 2 段 81 號 6 樓
客服電話　02-2392-6899
傳真　02-2392-6658
郵撥　0189456-1
著作權顧問　蕭雄淋律師
2020 年 2 月 28 日　初版一刷
定價新台幣 280 元

ISBN　978-957-32-8721-6
遠流博識網　http://www.ylib.com　E-mail: ylib@ylib.com
（如有缺頁或破損，請寄回更換）

國家圖書館出版品預行編目 (CIP) 資料

零歲開始蒙特梭利教育：從家庭落實的教養提案，啟動孩子的真實天賦 / 藤崎達宏著；李友君譯．-- 初版．
-- 臺北市：遠流，2020.02
面；　公分
譯自：モンテッソーリ教育で子どもの本当の力を引き出す！
ISBN 978-957-32-8721-6(平裝)
1. 育兒 2. 親職教育 3. 蒙特梭利教學法
428.8　　108023384